香港点心

顶级点心师

Dim Sum in Hong Kong

黄健钦 编著

SPM 南方出版传媒

广东科技出版社｜全国优秀出版社

·广州·

本书中文简体版由香港万里机构出版有限公司授权广东科技出版社有限公司在中国内地出版发行及销售

广东省版权局著作权合同登记
图字：19-2020-177号

图书在版编目（CIP）数据

香港点心．顶级点心师：升级版/黄健钦编著．—广州：广东科技出版社，2022.1
ISBN 978-7-5359-7723-6

Ⅰ.①香…　Ⅱ.①黄…　Ⅲ.①面点—食谱—香港　Ⅳ.①TS972.132

中国版本图书馆CIP数据核字（2021）第169091号

香港点心·顶级点心师（升级版）
Xianggang Dianxin · Dingji Dianxinshi（Shengji Ban）

出 版 人：严奉强
责任编辑：温　微
装帧设计：友间文化
责任校对：曾乐慧
责任印制：彭海波
出版发行：广东科技出版社
（广州市环市东路水荫路11号　邮政编码：510075）
销售热线：020-37607413
http://www.gdstp.com.cn
E-mail: gdkjbw@nfcb.com.cn
经　　销：广东新华发行集团股份有限公司
印　　刷：广州一龙印刷有限公司
（广州市增城区新塘镇荔新九路43号千亿产业园　邮编：510700）
规　　格：787 mm × 1 092 mm　1/16　印张 8.5　字数 170千
版　　次：2022年1月第1版
2022年1月第1次印刷
定　　价：49.80元

序

进入香港饮食界做点心，转眼已有五十多年的光景，我从一个毛头小子变成成熟稳重的专业点心师，有苦有乐，有得有失，这些都不重要，因为人生有经历才有回忆。风平浪静的际遇，有时会令人蹉跎岁月，挑不起奋发图强的雄心壮志，落得原地踏步；反而是在面对风高浪急的状况时，保持处变不惊，才会获得最终成功。

当年的学徒生涯，整体上还算是愉快的，偶尔遇到严苛的师傅，才会尝到一点苦头。那时可能会有点不甘心，愤愤不平；现在回想，反而应该多谢恩师的谆谆训诫。所谓“棒下出孝子，严师出高徒”，不对我们苛责，一群小伙子哪会用心学习？基本功不熟练，手艺永远做不好，徒劳无功，浪费青春。当年的点心师傅会吩咐学徒做很多厨房杂务，待满意后才按表现晋升，学徒方可开始全方位学习做点心。当时出品以传统点心为主，创意有限。之后才承传了广州羊城美点的风气，遂有“星期美点”的出现，才引起点心的变化，讲求创意。于是茶楼为了表现自己的独特风格，增设“星期美点师”一职，专注负责“星期美点”的点心创作。这些点心的创作灵感来自生活，一般会比较粗犷、写实而不浮夸。

在累积了一些经验，拥有熟练的技巧之后，我才踏入师傅的路途。变成别人口中的“师傅”，不但要顾及出品质量，还要开始训练下属，统筹点心部运作、监控成本，还会涉及管理的实务等。当时经济蓬勃发展，食肆林立，饮食业兴旺，点心师要有卓越的手艺、灵活的头脑和开明的思想，懂得灵活变通，知道怎样为点心创作寻求突破，才能突围而出。当时中式点心开始引用西方材料和制作概念。那时的酥点、甜点和盘饰摆设，都深受西方饮食文化的影响。

成为高级食肆的点心总管和专业点心师，很不容易，每天必须面对数不清的工作挑战，虽辛苦却能获得莫大的满足，十分开心，特别是我喜欢不断挑战自己，寻求工作的满足感，保持创新的思维，与时俱进。由于工作关系，我必须定期创作点心以适应饮食市场的需要。而如何强化创作概念？除了外出寻求创意灵感，找寻食材并钻研它的特质，翻阅书籍，还要不断参与业界举办的展览会和研讨会，增加知识，交流经验，然后研制新品种点心，不断测试和改良，满意后才正式推介给食客享用。有时，为了拓宽视野和拓展制作空间，我会专程到华东一带吸收其他地方点心的精髓，从而改进港式点心，并取得了不错的成效。所以创意和创作不应该受时空限制，而最重要的是对工作的投入。

不少人问我怎样才能做出出色的点心，创作的灵感又来自哪里，其实随意就行了，什么东西都可以变化，只要往菜市场一走，满眼见到的，都可能是好材料，重要的是要做到“人无我有，人有我优，人优我变”，变化就是一个很好的特质。制作食品时，能否把每种食品独有的特质做出来就是一个重点，正所谓“三分物质，七分精神”，这个精神就是指特质，若没有精神，又怎能做出好东西呢?

年代不同，最紧要的是创意，永远要与时代并进，做到老、学到老，不能一本书读到老。每个人都要追求自己的风格，不能只模仿别人，就如唱别人的歌，永远都不是自己的作品。做出别人从未见过的，有新的造型、新的结构、新的名称，才会给人惊喜。

惊喜永远是给客人最好的礼物，也是推动我们向前的力量！

黄健钦

目录

三、惟妙惟肖的像生点心

附录：专业点心师札记

一、传统点心变出新款式

笋尖鲜虾饺

材料

澄面粉 600克
生粉 225克
滚水 450克

馅料

新鲜笋尖 150克
肥猪肉粒 225克
咸淡水沙虾 1200克

调味料

麻油 40克
胡椒粉 少量
生粉 20克
砂糖 40克
味精 25克
盐 15克
生炸大油 40克（后下）

烹制时间：1.5分钟　分量：48个

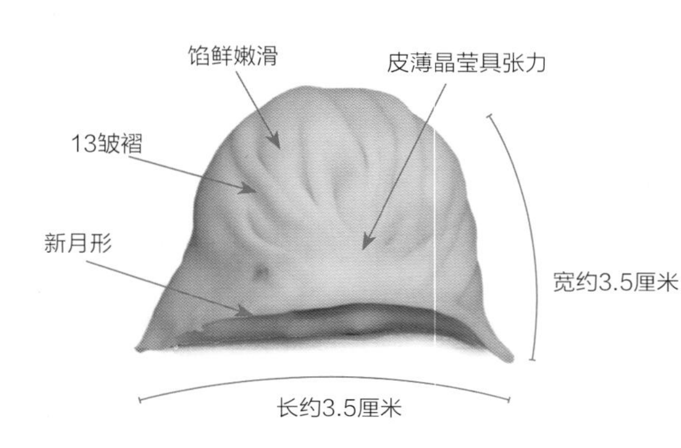

做法

1 新鲜笋尖去壳，切下嫩尖部分，切小粒。
2 肥猪肉粒洗净剁碎。必须剁得极细；太大会不好吃，也不好看。
3 沙虾必须一边剥壳一边用冰块保鲜，剥好后的虾肉略用冷水冲洗，冲洗后迅速用干净布吸干水分，然后用盐搅至起胶，再加入其他调味料稍搅拌，最后加入生炸大油拌匀，放入冰箱，待用。
4 将澄面粉冲入滚水煮熟，稍凉后搓匀（也可用搅拌器打匀），加入生粉搓匀，确保粉材料不会太热，否则会难于开皮。
5 粉团分成48等份，每份包入约25克馅料，捏成新月形，折13褶，放入蒸笼以大火蒸1.5分钟。蒸熟后稍放一会儿才进食，这样面皮才会爽口、有韧度并呈半透明状。

顶级点心师提示

❶ 鲜生虾不适合即时拆肉，因为虾肉会紧贴虾壳，剥壳时容易把虾肉剥烂。建议先把虾放进冰箱1~2小时，这样虾壳和虾肉会比较容易分开，剥起壳来自然比较容易。

❷ 虾饺皮必须薄并具弹性才可口。

❸ “生炸大油”指煎猪油膏。

荸荠鱼翅饺

材料

饺子皮 21片
已浸发鱼翅翅针 315克
上汤 适量

馅料

鲜虾肉 300克
荸荠粒 75克
芥蓝粒 75克
冬菇粒 75克

调味料（虾胶）

盐 6克
味精 11克
砂糖 15克
粟粉 4克

烹制时间：3分钟　分量：21个

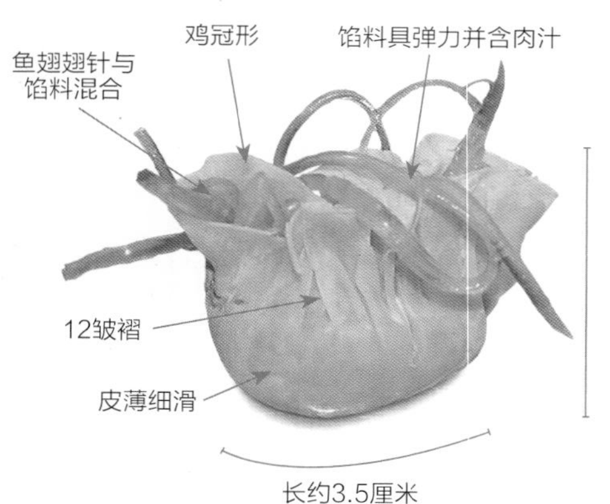

做法

1 鱼翅翅针用适量上汤煨透入味，炖至软滑后用白镬炒翅。
2 鲜虾肉洗净，吸干水分后用刀拍成虾蓉，加入调味料搅成虾胶。切勿加水，否则虾胶会变质而不爽口。搅拌至起胶后再加入其他馅料，拌匀。
3 用一片饺子皮包上25克馅料和15克鱼翅翅针，封口，放入蒸笼以大火蒸3分钟。

顶级点心师提示

❶ 饺子皮可到粉面零售店购买或自制。做法：用低筋面粉600克加约320克蛋清及盐少量。把所有材料搓揉成面团，开薄，成圆形状。每片饺子皮重约5克。

❷ 已浸发的鱼翅翅针用上汤、老鸡、排骨煨煮，便可使用。

❸ “白镬”指锅中无油，把锅烧热。

芙蓉蟹肉饺

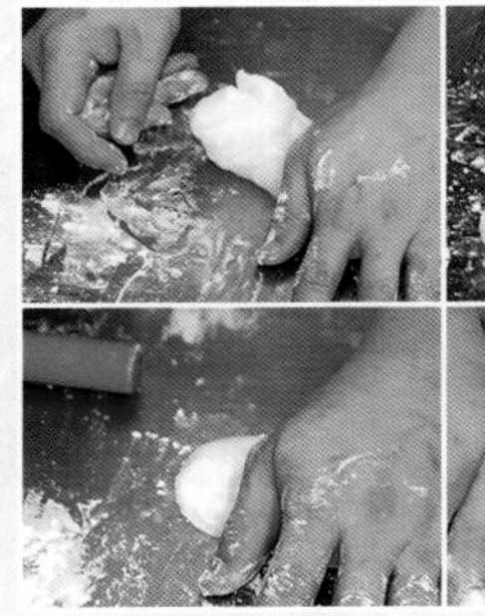

材料

滚水 750克
生粉 113克
澄面粉 113克

馅料

荸荠 75克
鲜芦笋 75克
鲜蟹肉 150克
蛋清 300克

调味料

盐 4克
砂糖 15克
鸡精 8克
麻油 20克
胡椒粉 少量

烹制时间：1分钟　分量：30个

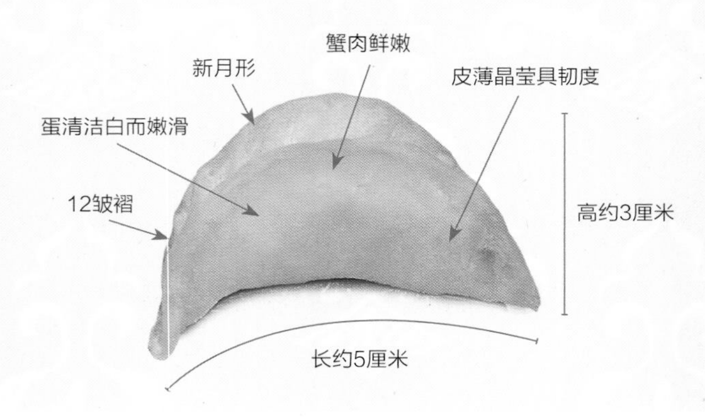

做法

1 蛋清搅拌均匀，放入70~80℃的温油内泡熟，沥油，然后用热水冲洗，沥干油分和水分。

2 鲜芦笋、荸荠切小粒汆水，冲冷水，盛起，加入鲜蟹肉、蛋清和调味料一起轻手拌匀。小心切勿弄烂材料。

3 澄面粉和生粉筛匀，冲入滚水煮熟粉料，稍放一会儿，搓至细滑，在表面涂抹少量生粉，再分成小粉团（行内称为“出体”），每份重约10克，包上约20克馅料，捏成新月形，放入蒸笼以大火蒸1分钟，即成。

顶级点心师提示

❶ 宜挑选重量约600克的蟹，这样才有足够蟹肉。
❷ 活蟹蒸熟，立即拆肉做成饺子。
❸ 在澄面粉中加入生粉的目的是增加面团的韧度。

竹荪燕窝上汤饺

材料

蛋黄面皮 20片
火腿上汤 1500克
韭黄粒 1~2汤匙
鲜芦笋 36片

馅料

燕窝 450克
竹荪 18条
上汤 1800克

调味料

麻油 38克
胡椒粉 少量
生粉 20克
砂糖 38克
味精 23克
盐 15克
生炸大油 38克（后下）

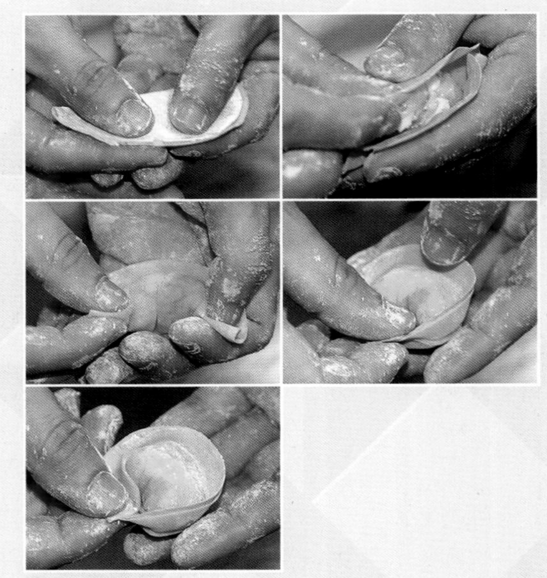

烹制时间：3分钟　分量：30个

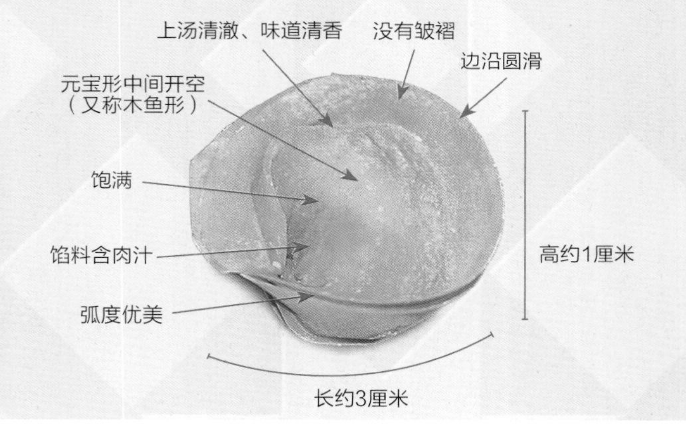

做法

1 竹荪浸发，剪成约2.5厘米长，放入上汤煨煮片刻，取出，备用。
2 燕窝用清水浸20分钟后洗净，再用适量上汤煨煮5分钟。
3 将馅料和调味料拌匀，再用1片蛋黄面皮包上约30克馅料，放入蒸笼蒸3分钟，取出。
4 火腿上汤煮滚，加入鲜芦笋片煮熟，再放入燕窝饺和韭黄粒即可。

顶级点心师提示

❶ 用一般碎燕丝或碎燕就可以做这道点心了。烹煮前，先查看燕窝品质以决定合适的炖煮和浸发时间。一般来说，每4克干货可涨发至30克左右。

❷ 俗语云："生葱、熟蒜、半生韭。"所以韭黄粒用上汤浸至半熟就可以了。

翡翠鲍鱼烧卖

材料

大黄烧卖面皮 60片
鲍鱼仔 60只

馅料

猪大腿肉 600克
鲜虾肉 450克
花菇 150克
嫩豆苗 600克

调味料

生油 38克
胡椒粉 少量
麻油 19克
砂糖 38克
鸡精 11克
盐 8克
生粉 38克

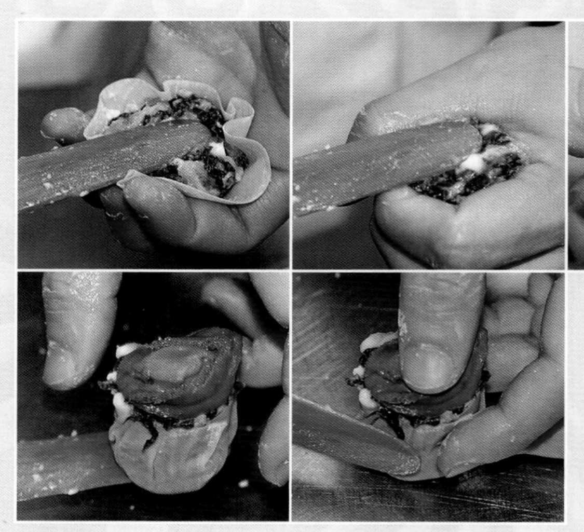

烹制时间：5~8分钟　分量：60个

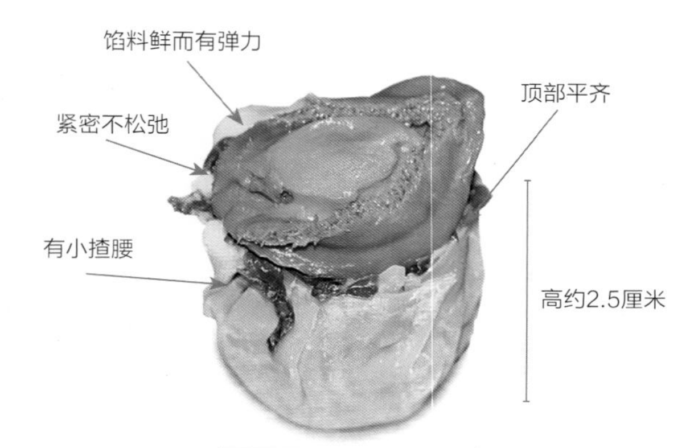

做法

1 鲜虾肉洗净，用干净布吸干水分，切碎。
2 花菇浸透，切碎粒。豆苗摘嫩叶部分，洗净切碎。
3 猪大腿肉洗净，吸干水分，切细粒，先下盐拌匀，再加入虾肉碎和其余调味料搅打至起胶，最后加入花菇碎和豆苗碎，轻轻拌匀。
4 用大黄烧卖面皮一片，包上约30克馅料，放上鲍鱼仔，以大火蒸5~8分钟即可。

顶级点心师提示

❶ 鲜虾肉450克可用1小茶匙陈村碱水和冰粒水腌30分钟，然后放于水龙头下冲水20分钟，洗净，再用干净布吸干水分，虾肉会变得爽口弹牙。

❷ 用冰粒水浸泡虾肉可令肉质清爽脆口。

陈皮怀旧牛肉球

材料

牛霖肉 1200克
肥猪肉 300克
荷塘冲菜 113克
陈皮 38克
葱花 75克
芫荽碎 75克

腌料

生粉 75克
陈村碱水 1/4茶匙
苏打粉 6克
盐 30克
冰粒水 900克

调味料

胡椒粉 4克
麻油 75克
生油 113克
生抽 38克
砂糖 105克
味精 56克

烹制时间：7分钟　分量：32粒

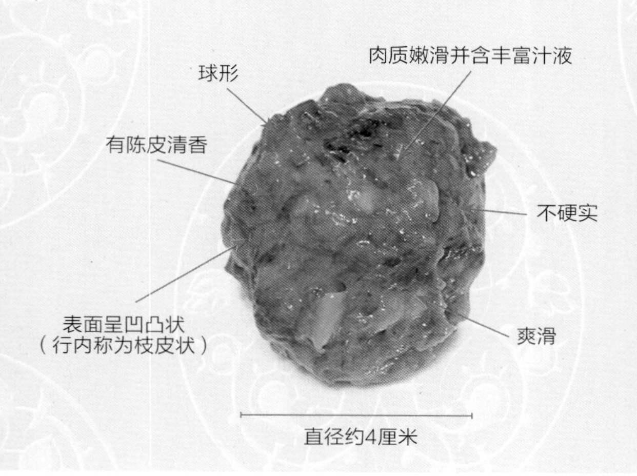

做法

1 陈皮浸软，剁蓉状。肥猪肉用刀切碎粒。荷塘冲菜切小粒，浸泡，沥干。
2 牛霖肉洗净，用干净布吸干水分，去掉外层筋部后切碎，再用双刀剁成肉蓉，或用粗孔搅拌机搅碎，使得部分牛肉仍保留粗粒状，确保肉丸有嚼劲。
3 牛肉碎加入腌料拌匀至胶状，用保鲜膜封好，贮放于冰箱内0℃腌3小时。
4 取出牛肉用手搅至起胶，加入其他材料和调味料，再次用手拌匀。
5 用手捏出约38克的肉丸，每碟放2个，再放入蒸笼以大火蒸7分钟。

顶级点心师提示

❶ 牛肉在搅拌过程中会产生热量，肉的温度升高会令肉质变坏，为了避免出现这种情况，点心师会在搅拌碎肉时加入碎冰以降低肉温。肉的理想温度是18℃左右。

❷ 牛肉的温度保持在18℃左右时，无论是蒸牛肉饼或牛肉球，口感都会比较好。

麒麟马拉糕

材料

A料

筋面种（老种）450克
低筋面粉 75克
奶粉 38克
吉士粉 38克
砂糖 450克
鸡蛋 10只

B料

陈村碱水 1汤匙
泡打粉（发粉）11克
牛油溶液 225克

烹制时间：25分钟　分量：1盆

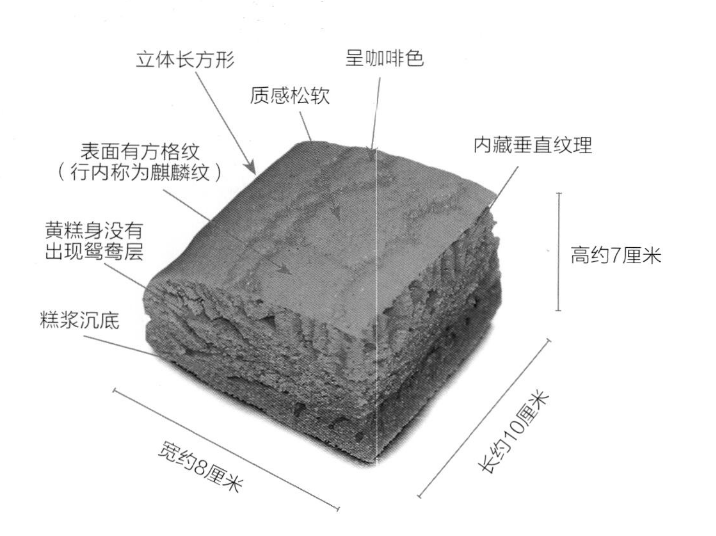

做法

1 把A料搅拌搓匀，或用搅拌机打成糕浆，要确保糕浆细滑不起粉粒，用保鲜膜封好，等待发酵10小时。

2 待糕浆发酵后，加入B料一起搅匀。

3 放入已垫牛油纸的糕盆，用大火蒸约25分钟。如果用小糕盆，可以适当缩减时间。

顶级点心师提示

❶ 筋面种（老种）做法：600克筋面种（它是类似发酵菌的物质，可向相熟的点心师傅借少量作基本老种，然后利用驳种方法留种）。驳种的方法：可用75克老种，与1200克面粉和600克清水搓匀，置室温下发酵12小时。记住每次搓面时，必须留下老种待用，不用时可贮放于冰箱内，待下次使用。

❷ 没有老种，可用以下材料制作：面粉450克、吉士粉38克、奶粉38克、鸡蛋600克（约12只）、泡打粉19克、砂糖338克、三花淡奶75克、牛油225克及焦糖1茶匙（调色），把所有材料搓匀便可。

蚝油蜜汁叉烧包

材料

面团

面种 600克
低筋面粉 188克
砂糖 210克
白菜油 40克
清水 150克
碱水 1/5茶匙
泡打粉 10克
臭粉 0.4克

馅料

叉烧包芡汁 600克
半肥瘦梅肉叉烧 600克

叉烧包芡汁

葱段 38克
姜片 38克
洋葱丝 75克
干葱 38克
麻油 38克
生油 188克
蚝油 300克
老抽 188克
生抽 300克
味精 75克
磨豉酱 38克
砂糖 675克
清水 950克
粟粉 188克（后下）
生粉 188克（后下）

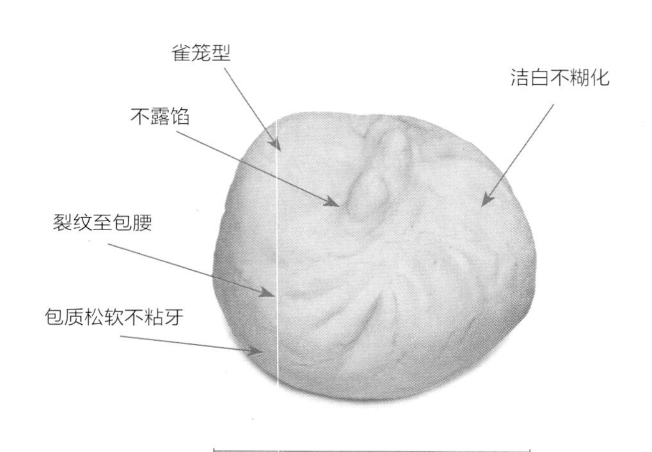

烹制时间：6分钟　分量：60个

做法

1 叉烧包芡汁：烧热镬，下麻油和生油，再下葱段、姜片、洋葱丝和干葱爆香，加入清水50克和其余材料（预留清水300克与粟粉和生粉调匀），熬煮3分钟，隔去葱渣等物，再放入调匀的粟粉和生粉水煮稠。

2 叉烧切指甲薄片，下叉烧包芡汁拌匀。叉烧必须即切即做。

3 把面团材料混合并用手搓揉或用搅拌机搅打成软滑面团，出体，制成叉烧包面皮，每份叉烧包面皮约20克，包上约20克馅料。

4 垫上蒸笼纸，放入蒸笼以大火蒸6分钟，火力要猛才能蒸出好包。

顶级点心师提示

❶ 面种的好与坏，视乎发酵过程是否恰当。实践证明，良好的面种，是将低筋面粉3000克、老种375克和清水1500克拌匀，贮放于28~35℃的环境中行身（醒面）8~10小时。取出面糊用搅拌机打至完全混合细滑，再用保鲜膜封好发酵。

❷ 搓面团时材料先后顺序是面种、碱水、臭粉、白菜油和砂糖，一起打匀，再加入泡打粉拌匀。

❸ 煮叉烧包芡汁的重点是必须快速下完浆水，继续煮芡汁至彻底煮透甚至呈筋状，再非常用力地搅动。

❹ 起锅时用的洋葱丝、干葱、葱段和姜片必须炸至金黄而没有变黑，否则芡汁便产生焦味，而使味道不好。

❺ 蒸包时要用猛火，即做即蒸，切勿翻蒸影响包的质感。

❻ "出体"是行内基本手法，即做包时分开面团或将馅料分开。

雪山菠萝包

材料

面团

中筋面粉 600克
酵母 10克
砂糖 113克
牛奶 338克
白菜油 38克

忌廉馅

牛油 113克
砂糖 225克
鲜忌廉 150克
牛奶 600克
椰浆 450克
奶粉 150克
粟粉 150克
菠萝汁 150克

雪山包面

面粉 600克
泡打粉 45克
苏打粉 45克
砂糖 375克
三花淡奶 75克
鲜忌廉 75克
鸡蛋清 80克
白菜油 338克

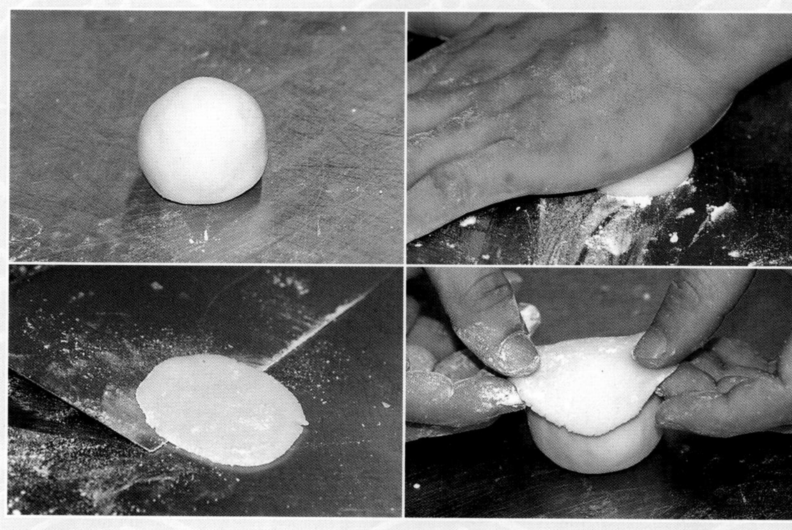

烹制时间：10分钟　分量：70个

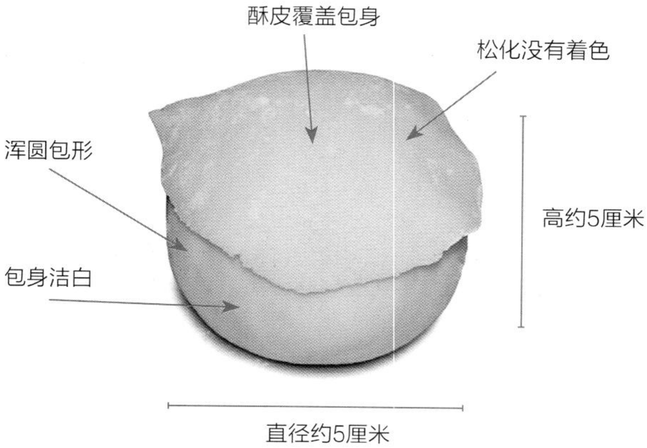

做法

1 忌廉馅：将粟粉、奶粉、椰浆、牛油、菠萝汁和鲜忌廉一起打匀。牛奶和砂糖以慢火煮滚，煮滚后倒入打匀的粉浆，必须一边倒，一边快速搅拌至稠状，熄火，放凉，放冰箱贮藏备用。

2 面团：把面团材料混合搓揉，或放入搅拌机中以慢速搅成软滑面团，取出，用保鲜膜封好摆放在28～36℃的环境中，让面团自然胀大，再分成小面团。

3 每个小面团重约15克，包上约15克馅料。每个包总共重约30克。

4 雪山包面：把材料全部放入搅拌机内以慢速打匀至细滑，放冰箱冻一会儿，取出分成小团，每个重约11克，每个用刀按扁，放在包面中央，再放入焗炉以100℃焗10分钟。

酥皮覆盖包身
松化没有着色
浑圆包形
包身洁白
高约5厘米
直径约5厘米

沙律明虾春卷

烹制时间：5分钟　分量：30个

材料

春卷皮 30片

馅料

鲜虾 600克
鲜果（苹果、啤梨）粒 300克
炼奶 38克
沙律酱 300克

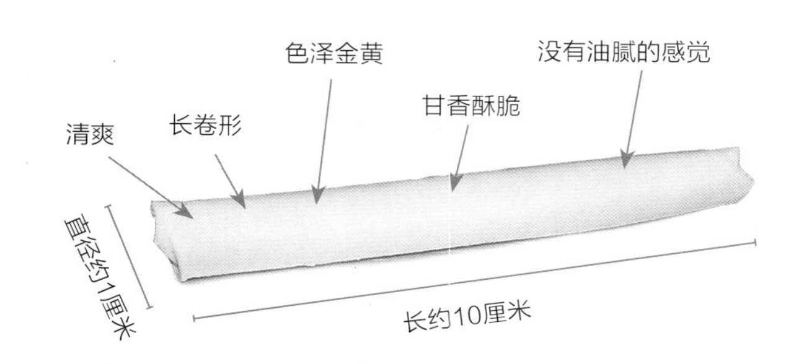

做法

1 把沙律酱、炼奶、鲜果粒拌匀。
2 鲜虾烩熟，去壳，开边，去肠。
3 用1片20厘米长的春卷皮包上馅料，卷成长条形。
4 放入油温为100～140℃的滚油中炸至金黄。

顶级点心师提示

一般现售沙律酱会含酸，加入炼奶可中和沙律酱的酸度，并且提升味道层次。

蒜香鸡肉酥卷

擘酥皮材料

面团

低筋面粉 300克
中筋面粉 300克
清水 75克
香蒜牛油 38克
鸡蛋 2只

油心

白菜油（起酥油） 150克
牛油 75克

馅料

芝士碎 38克
洋葱粒 113克
白蘑菇粒 113克
鸡肉碎 600克

调味料

鸡精 4克
味精 8克
砂糖 19克
蚝油 少量

芡汁

生粉 8克
清水 38克

扫面

蛋液 适量

烹制时间：10分钟　分量：26个

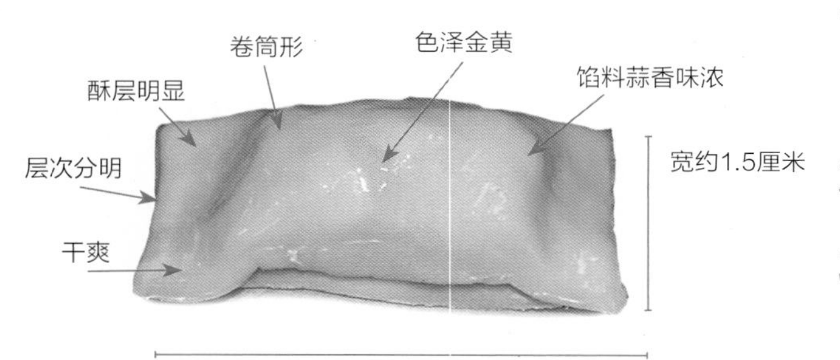

做法

1 擘酥皮：把中筋面粉和低筋面粉一同筛匀，加入其余面团材料，搓揉成软滑粉团，包入已混合的油心材料，碾长，折三折，再碾长，对叠。

2 酥皮放入冰箱冻硬，取出开成约0.15厘米厚、6厘米×7.5厘米的片状，放回冰箱，备用。

3 馅料：热镬下油，爆香洋葱粒和白蘑菇粒，加入鸡肉碎炒熟，倒入少量生粉芡汁煮稠，最后加入芝士碎，盛起，放凉即成。

4 取出酥皮，包上约35克馅料，用刀在包面割横纹，然后扫上蛋液，放入已预热的焗炉，用100℃底火和200℃面火焗10分钟。

顶级点心师提示

请按炉火的度数和制品色泽适当地调校温度，否则很容易把制品烘焦。倘若空炉预热时间过久，温度会很高，烘烤时会出现外面已变色而里面还未熟的情况。

香芒鲜虾卷

材料

越南米网皮 10片
芒果肉 30条
活虾 10只

粉糊

面粉 1汤匙
清水 1汤匙

烹制时间：5分钟　分量：10个

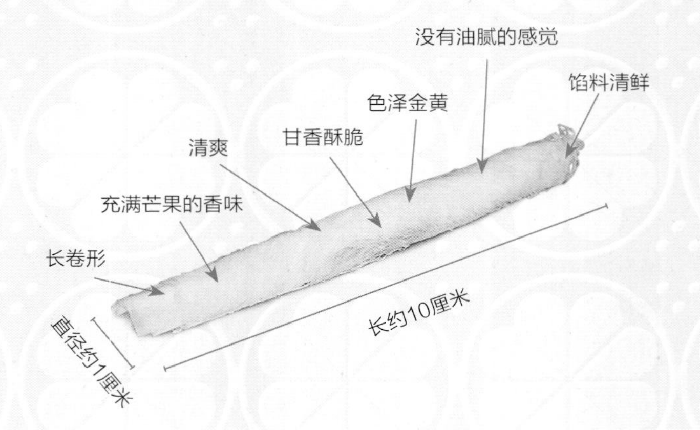

做法

1 在越南米网皮上喷少量水，使网皮呈半干湿状。
2 蒸熟活虾，去壳、去肠，切开成两边。
3 用一片米网皮，包上芒果肉和虾肉，卷成长约10厘米的虾条，用少量粉糊封口。
4 放入130℃油温的滚油中炸至金黄，取出，沥油，再用吸油纸吸干油分。

顶级点心师提示

❶ 油炸食物时，需要控制好油温。油温过高会容易出现炸焦而制品未熟的情况；相反，油温太低会令制品吸入过多油，变得油腻，达不到理想效果。

❷ 如果不想油炸制品变得油腻，先将制品沥油，再用吸油纸吸去制品的油分即可。

法国鲜鹅肝卷

材料
20平方厘米米纸皮 20片

馅料
鹅肝 450克
干洋葱 20克
芦笋粒 113克
干葱头粒 20克
白蘑菇粒 113克
橄榄油 38克
牛油 38克
生粉芡汁（生粉和清水调匀）适量

调味料
鱼露 8克
砂糖 19克
鸡精 4克
盐 4克

烹制时间：5分钟　分量：20个

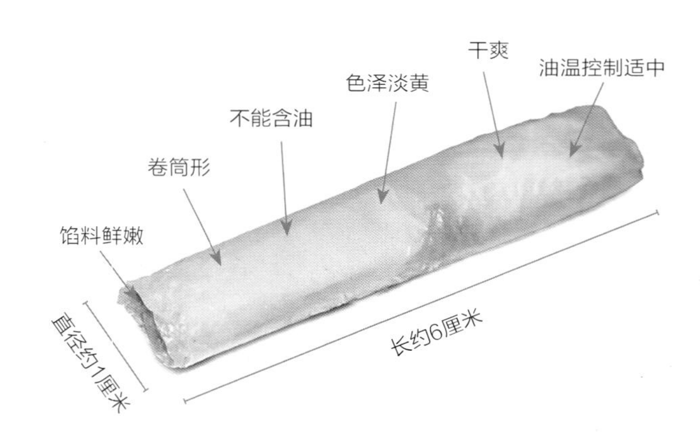

做法
1 鹅肝洗净，吸干水分，切厚片，用少许橄榄油略煎两面。
2 热镬下牛油和橄榄油，放入干洋葱、干葱头粒、芦笋粒和白蘑菇粒炒香，加入调味料和生粉芡汁煮至汁收干，放入鹅肝拌匀，盛起备用。（切勿让馅料炒过火，必须保持嫩滑）
3 用米纸皮包上馅料约38克，卷成长条形，放入150℃油温的滚油中炸至金黄。

顶级点心师提示

米纸皮是以米浆制成的圆皮片，质感干爽松脆，容易折断。建议使用前用湿布或喷少许水分软化米纸皮，便可任意卷折。点心师有时会用米纸皮作春卷皮，但是油炸时若控制不好油温，就会变得油腻，且颜色不够金黄。

冰瓮富贵烧饼

擘酥皮材料

面团

中筋面粉 600克
白菜油 188克
牛油 38克
清水 225克
鸡蛋 2只

油心

低筋面粉 300克
白菜油 300克

馅料

松子仁 38克
榄仁肉 38克
冰肉 150克
糖冬瓜粒 150克
白菜油 38克
清水 75克
糕粉 38克
富贵火腿蓉 150克

装饰

黑、白芝麻 19克
蛋液适量（扫面）

烹制时间：10分钟　分量：20个

层次分明
酥层酥化
椭圆形
略扁
外皮洁白
高约1厘米
直径约5厘米

做法

1 馅料：先把馅料材料切碎并混合拌匀，放入冰箱冷冻片刻，待冻硬后便可使用。

2 擘酥皮：面团材料混合搓揉成软滑面团；油心材料混合搓匀。

3 酥皮搓好后，按面团和油心比例6：4，分别开成同等份，把面团包上油心，卷成球形，然后用酥棍开薄，包上约26克馅料。

4 把烧饼捏成鹅蛋形，其中一面贴上黑、白芝麻，扫上蛋液，然后轻轻按压，以免掉下来。

5 放入已预热100℃的焗炉中，焗10分钟，直至烧饼呈金黄色。

顶级点心师提示

❶冰肉由煮熟的肥猪肉和烧酒与砂糖腌制而成，以猪背脊上的肥肉为佳，腌好的冰肉肉质爽脆不肥腻，许多中式点心会将其作为馅料。

❷“富贵火腿”味道香浓，火腿含半肥半瘦的质感。当火腿受热后，肥肉部分会微熔而产生独特香味，与其他馅料的味道融合，再渗入酥皮内，可以说是无法抵挡呢！

❸酥棍，用酸枝木刨制而成，木质结实，经打磨后变平滑，用以开包体，不易粘面皮。

芝士鸡粒酥

擘酥皮材料

低筋面粉 300克
中筋面粉 300克
吉士粉 19克
鸡蛋 3只
白菜油 200克
牛油 75克

馅料

鸡肉粒 300克
白蘑菇粒 225克
干葱碎 38克
洋葱碎 113克
牛油 38克
面粉 19克
卡夫蛋黄酱（白汁）225克

装饰

蛋液 适量（扫面）
芝士碎 113克

烹制时间：10分钟　分量：30个

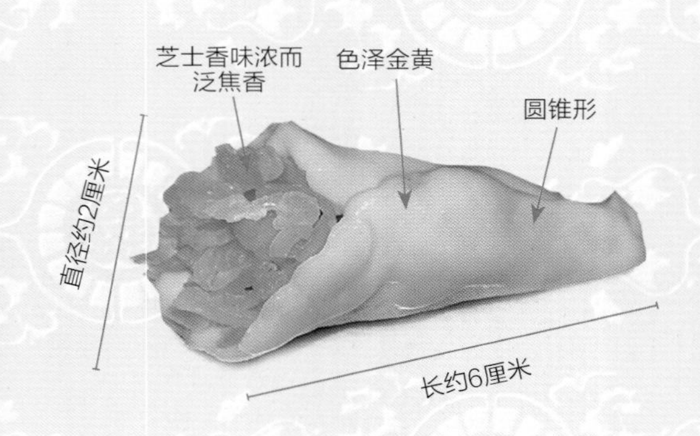

做法

1 先把擘酥皮材料混合，搓揉成软滑粉团，放入冰箱中冻硬，取出碾薄，用模具盖出圆酥皮，备用。

2 热镬下牛油，加入干葱碎、洋葱碎、面粉和白蘑菇粒炒香，再下鸡肉粒炒熟，放入白汁拌匀，盛起，稍放凉。

3 把酥皮卷成雪糕筒形，放入馅料，再撒上芝士碎并扫上蛋液，放入已预热100℃的焗炉中，用100℃底火和200℃面火烘焗约10分钟。

顶级点心师提示

❶ 这款酥皮在搓揉时不能太过用力或时间过长，否则会导致面团出现面筋，令酥饼带渣，不能入口即溶。

❷ 搓揉后的酥皮放入冰箱中冻硬，方便盖出形状，酥皮经烘焗后会变得松脆，效果更完美。

度小月芋丝糕

材料

大芋头 1800克
澄面粉 75克

调味料

砂糖 56克
鸡精 15克
盐 11克
五香粉 8克

面料

日本樱花小虾 38克
度小月肉燥 150克
葱花 适量
日本酱油 适量

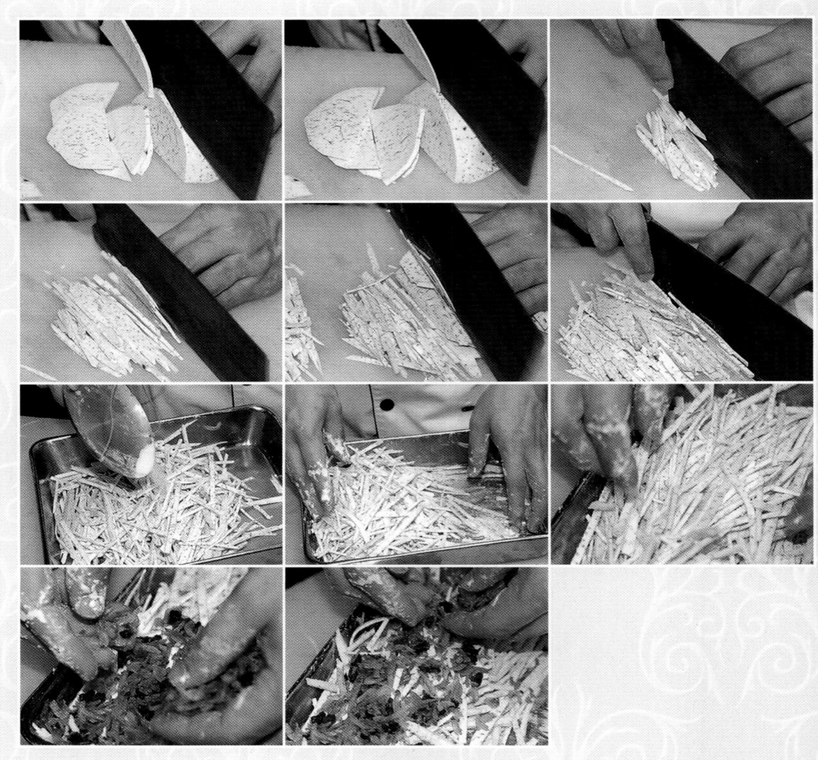

烹制时间：30分钟　分量：1盆（30厘米×30厘米）

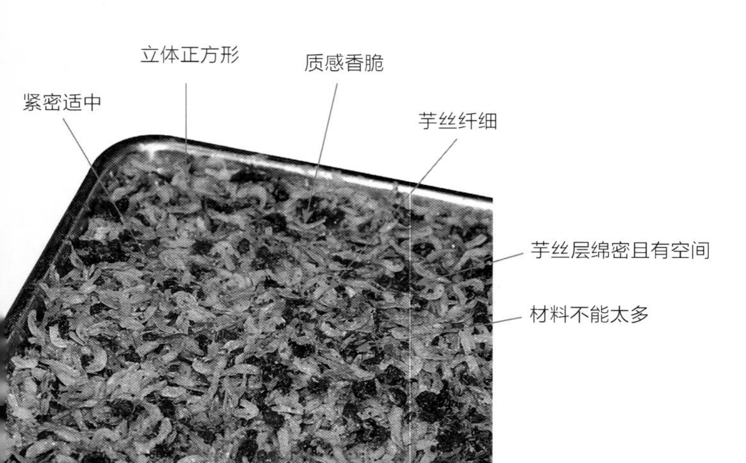

做法

1 大芋头去皮，刨丝，加入调味料拌匀，再倒入澄面粉，拌匀后一起放到糕盆内，用手压平表面。
2 度小月肉燥和樱花小虾用镬炒香，撒于芋丝糕表面以大火蒸30分钟，取出放凉后放进冰箱稍冻硬，切成约长5厘米×宽5厘米×高5厘米方形小块。
3 吃之前蒸热，加点葱花和日本酱油。

海皇粗条萝卜糕

材料

粗条萝卜丝 3300克
滚水 1500克
黏米浆 1200克

配料

上汤 750克
马蹄粉 225克
已浸发瑶柱 150克
已浸泡虾米 188克
腊肉粒 188克
腊肠粒 225克
生油 225克
冷水 适量

调味料

盐 38克
砂糖 188克
味精 11克
麻油 38克
胡椒粉 1/4茶匙

烹制时间：1小时　分量：1盆

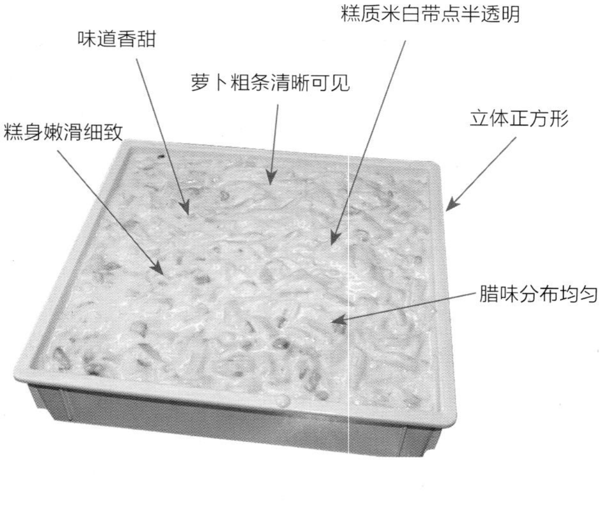

糕质米白带点半透明
味道香甜
萝卜粗条清晰可见
立体正方形
糕身嫩滑细致
腊味分布均匀

做法

1 把粗条萝卜丝放进糕盆蒸熟，加入黏米浆中一起搅匀，再蒸。

2 推糕：把配料、调味料、黏米浆和冷水放进盆中煮开，再将滚水倒入糕浆至半生熟，倒入已蒸过的萝卜丝搅匀。

3 倒入蒸盆中，糕心不宜太厚，约5厘米最好。糕心太厚会较难熟，如火力不够会让它变得黏口。

4 蒸糕时间约为1小时。蒸时尽量不要打开来看，否则糕会因蒸气流失而令温度降低，糕易变得黏口。

5 切成约长5厘米×宽5厘米×高5厘米小块后食用。

顶级点心师提示

❶ 黏米浆做法：先用米浸水6小时，洗净后用搅拌机磨成细滑米浆，转放布袋盛起，绑好袋口，再用重物压6小时，待水分流失后，便是干湿米浆。为什么要磨米浆这么麻烦呢？原因是米浆软滑有米味，黏米粉虽然方便但不够滑净，较粗糙，欠缺口感，不太好吃。

❷ 腊味要浸滚水去掉外皮油脂，才可切粒，并要炒香。

❸ 萝卜丝要如筷子般粗，煮糕时才不会流失太多水分，吃糕时才会有口感。相反地，太细的萝卜丝经烹煮后会与糕浆混合，入口溶化而没有质感，仿佛欠缺什么似的。萝卜丝切勿汆水后做糕，因经汆水的萝卜丝会流失萝卜原味，只剩下萝卜渣，又怎么会好吃？

伦教双色糕

伦教糕材料

黏米浆 900克（请参阅第37页）
面种 113克
砂糖 900克
温水 675克
陈村碱水 少量
泡打粉（发粉） 11克

马拉糕

A料

筋面种（老种） 450克（请参阅第14页）
砂糖 450克
低筋面粉 75克
奶粉 38克
吉士粉 38克
鸡蛋 500克

B料

陈村碱水 1汤匙
泡打粉（发粉） 11克
牛油溶液 225克

烹制时间：45分钟　分量：30块

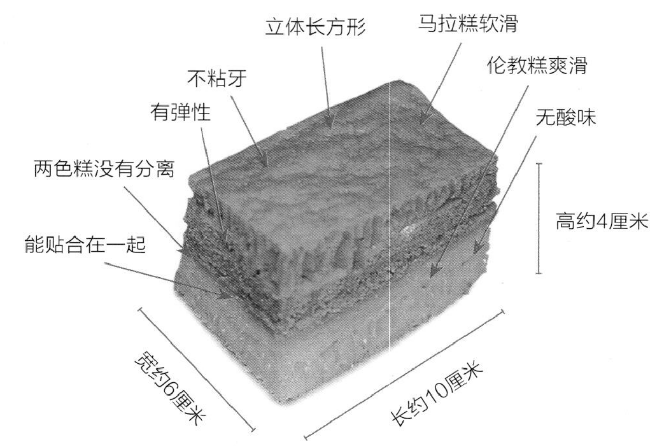

做法

1 伦教糕层：

①发酵糕种：先用黏米浆、面种和温水150克搓匀，置一旁待糕种发酵12小时。

②搓糕：用余下温水与砂糖搓溶，加入已发酵面种和其余材料搓匀，盖好保鲜膜，置放在30℃的环境中，再次发酵10～12小时。

③蒸糕：将白洋布垫在笼底上，倒入糕浆以大火蒸约20分钟。

2 马拉糕层：请参阅第14页“麒麟马拉糕”。

3 组合：马拉糕粉浆搅匀后，倒入伦教糕面以大火蒸熟，变成双色糕。

顶级点心师提示

❶ 伦教是广东省佛山市顺德区的一个镇。伦教糕因伦教所出产的蒸糕非常有名而得名，这款糕点又称“白糖糕”。

❷ 糕种应放在30℃的环境中发酵，才能达到预期效果。糕种做好后才可以开始搓糕。

❸ 发酵后，揭开盖布如果闻到伦教糕浆有酸味，则表示发酵时间太长了。此时糕浆的酸度较高，只要加少量陈村碱水便能平衡酸碱度。但过量的碱水则会让糕变色，外表不美观，味道也不好。待糕完成发酵，糕浆会出现孔状形态。

小仓红豆球

材料

中筋面粉 600克
酵母 9克
清水 338克
砂糖 113克
牛油 38克
鸡蛋 1只

馅料

小仓红豆（罐装）900克

白奶油（面用）

面粉 225克
泡打粉 2克
小苏打粉 2克
白菜油 450克
鸡蛋清 80克
鲜忌廉 75克

烹制时间：10分钟　分量：40个

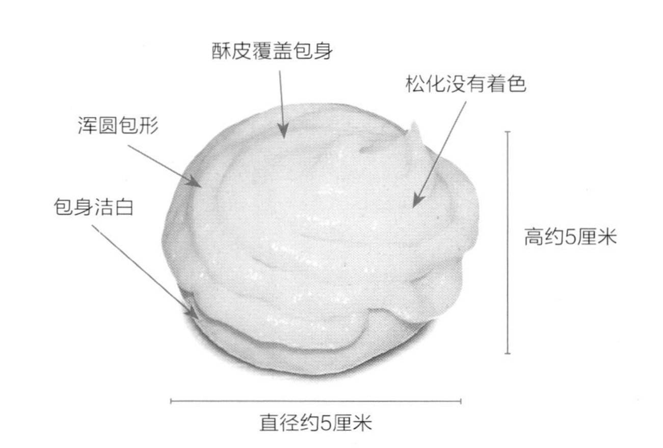

做法

1 把中筋面粉、酵母、砂糖、牛油、鸡蛋和清水一起打至细滑，置放在30℃的环境中，发酵1小时，完成后把粉团分成40个小面团，每份约重15克，用酥棍碾薄，包小仓红豆馅约20克。
2 将白奶油材料拌匀，备用。
3 包好馅料后的粉团放入焗盆中，继续发酵20分钟，待完成发酵，在包面挤上白奶油。
4 放入焗炉中，用100℃焗约10分钟。包面不能变色，保持纯白色就可以。

顶级点心师提示

❶ 在包面挤上白奶油，为何仍能保持雪白而不变色？因为白奶油材料含鸡蛋清、白菜油和鲜忌廉成分，烘焗后仍能保持松脆，且不易被烘出颜色。

❷ 这种包全程以低火慢慢烘焗，包面才能松脆而不变色。

爽滑何首乌芝麻卷

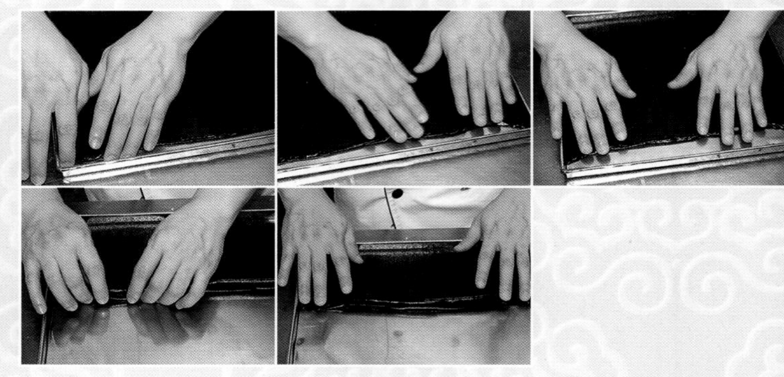

烹制时间：5分钟　分量：10个

材料

黑芝麻 600克
清水 4800克
泮塘马蹄粉 600克
砂糖 1200克
芝麻油 150克
何首乌粉 19克
冷水 适量

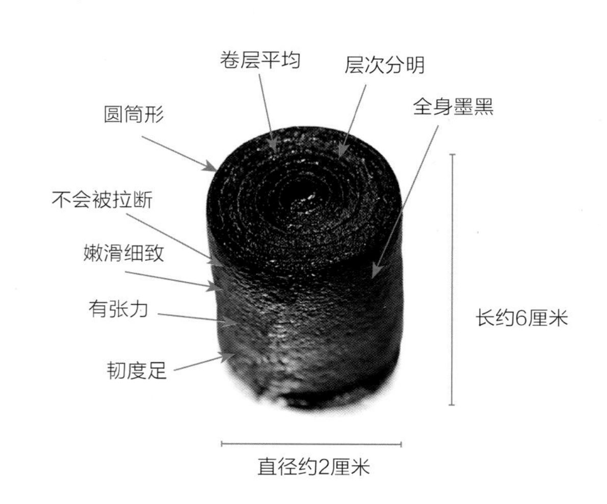

做法

1 黑芝麻炒好，立即用冷水浸凉，然后加清水3900克磨成芝麻浆，隔渣，滤滑芝麻浆。
2 芝麻浆、砂糖和芝麻油煮溶，便成芝麻浆水。
3 泮塘马蹄粉、何首乌粉和清水900克煮开，然后把粉浆过滤、隔渣。
4 将已调好的马蹄粉水与芝麻浆水加热推成糊状，最后混合成芝麻糖水。
5 倒入薄糕盆，轻轻摇匀，以大火蒸5分钟，待凉后卷成长条形。

顶级点心师提示

❶ 黑芝麻本身带有沙粒，要用清水清洗多次，待沙粒沉淀于盆底，再捞起面上的芝麻。洗干净后再用镬炒香芝麻，使其不会有腥味，注意不要把芝麻炒焦了。

❷ 炒香芝麻后立即浸冷水（目的是降温）。因为芝麻属油质食材，加热后会自动发热，泡冷水便可以防止芝麻变焦。

二、凭创意造出自家精点

玉子松露饺

水晶皮材料

半生熟粉浆（A料）

生粉 113克
冷水 300克
滚水 300克

熟粉浆（B料）

澄面粉 113克
滚水 300克

馅料

玉子豆腐 375克
黑松露菌 113克
新鲜鸡胸肉 225克

调味料

盐 4克
浓缩鸡汤 8克
砂糖 225克

烹制时间：4～5分钟　分量：20个

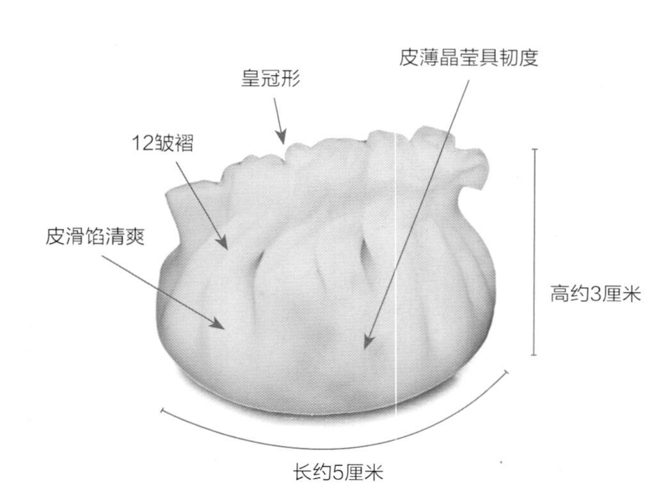

做法

1 玉子豆腐切粒。黑松露菌刷净，切粒。新鲜鸡胸肉洗净，切粒。

2 热镬下油，放入鸡胸肉粒和黑松露菌粒炒熟，然后加入玉子豆腐粒并放调味料，快速翻炒。盛起，备用。

3 先把水晶皮A料的生粉和冷水调匀，再冲入滚水，变成半生熟粉浆。然后将B料的滚水冲入澄面粉内快速搅熟，与A料粉浆搓匀，搓揉成软滑面团。搓时可用生粉作粉培，以免粘手。

4 把水晶皮分成20等份，每份约19克，开薄成圆皮，直径6～7厘米，厚约3毫米。

5 包上约23克馅料，捏成皇冠形，放入蒸笼以大火蒸4～5分钟，即成。

顶级点心师提示

水晶皮含生粉，生搓粉团时不会揉出韧性面筋，相反，当生粉被滚水冲熟时会产生筋性，所以利用生熟浆原理做皮，就可以两者兼得，令面团既软滑又具有弹性。

彭公豆腐饺

材料

水晶皮 600克（请参阅第46页）

馅料

玉子豆腐 375克
鲜老人头菌 225克

调味料

盐 8克
味精 11克
砂糖 23克
蚝油 少量
麻油 少量
生粉 少量
干葱 少量

烹制时间：10分钟　分量：20个

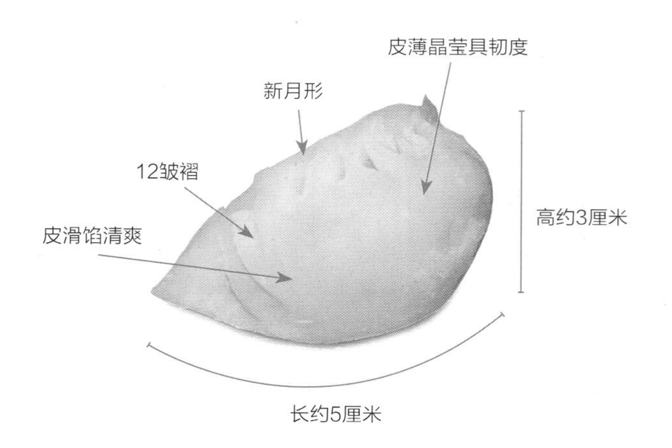

做法

1 玉子豆腐切粒，放入八成滚的油中炸至金黄，沥油。
2 鲜老人头菌洗净，切粒，拉油，捞出沥干。
3 热镬下油，放入少量干葱爆香，放入鲜老人头菌粒和玉子豆腐粒炒透，加入调味料，再加少量生粉水待收干，盛起。
4 水晶皮分成20等份，每份约19克，每份包上约23克馅料，捏成新月形。
5 放入蒸笼以大火蒸10分钟，便成。

顶级点心师提示

拉油，是一个厨师用的术语，即“泡油”，指用温油把材料弄至表面变色或略熟。

蟹肉鲎鱼饺

材料

澄面皮 480克
熟蟹钳 30只（尾部装饰）
黑芝麻 适量（做眼睛）

馅料

鲜虾肉 450克
荸荠粒 113克
猪肥肉粒 75克
芹菜粒 38克

虾肉腌料

盐 8克
味精 11克
砂糖 19克
生粉 11克
生油 19克
麻油 19克

烹制时间：4分钟　分量：30个

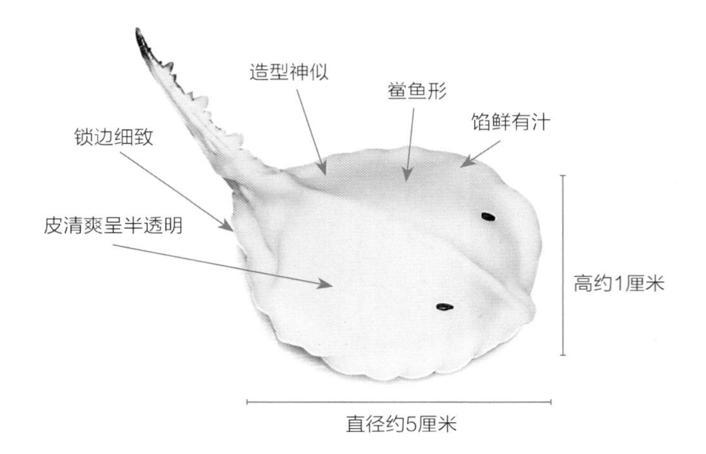

做法

1 鲜虾肉洗净，用布吸干水分，拍烂后加盐搅成虾胶，加入虾肉腌料拌匀，再加入其余馅料拌匀，放入冰箱冷冻30分钟。
2 澄面皮分成60等份，每份重约8克，取一片澄面皮包上约25克馅料，再盖上一片澄面皮，在尾部加熟蟹钳装饰，最后用黑芝麻做眼睛。
3 放入蒸笼以大火蒸4分钟，即成。

顶级点心师提示

❶澄面皮是用澄面粉为主，搭配生粉的面团（属于熟面团）所制成的。昔日的澄面粉的品质比较好，只需搭配少量生粉，柔软度和韧性就足够了。随着来源地和天气、土壤情况的改变，需要多添加点生粉才能达到要求，所以最好先测试澄面粉本身的筋性，再添加适当分量的生粉。

❷澄面皮的材料和做法：澄面粉150克、滚水300克、生粉19克；把滚水冲入已过筛的澄面粉和生粉中，快速搅熟，静置片刻，搓至平滑便可。

姬松茸鲜菌烧卖

材料

澄面皮600克（请参阅第51页）

馅料

猪肉 600克
鲜虾肉 300克
姬松茸鲜菌 300克

腌料

盐 15克
味精 23克
砂糖 38克
生油 38克
生粉 23克

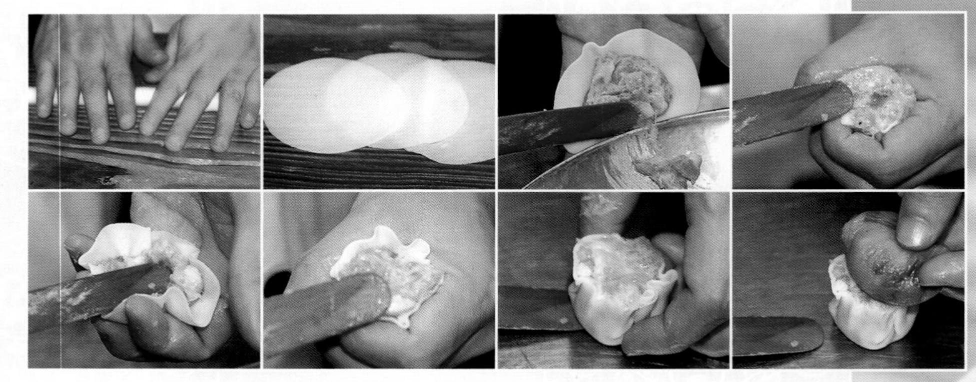

烹制时间：5分钟　分量：30个

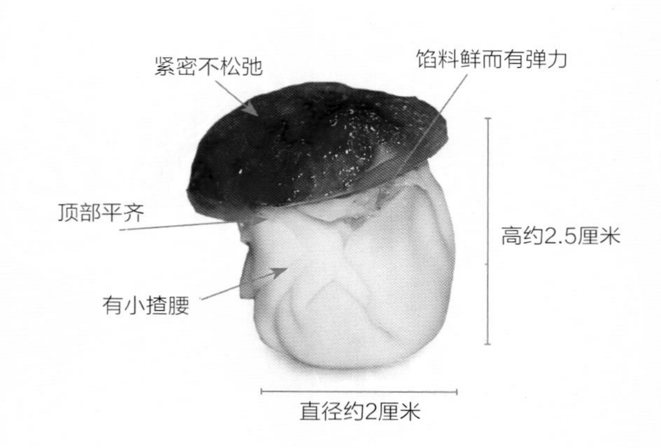

做法

1 猪肉洗净，切小粒。鲜虾肉用布吸干水分，加盐拌匀，切粒。姬松茸鲜菌洗净，顶部留用，蒂部切小粒。
2 把猪肉粒和鲜虾肉粒拌匀，加腌料大力搅透，最后加入姬松茸鲜菌蒂粒拌匀。
3 将馅料酿入姬松茸鲜菌顶部。
4 澄面皮分成30等份，每份重约20克，覆在姬松茸鲜菌上。
5 放入蒸笼以大火蒸5分钟。

顶级点心师提示

姬松茸菌有鲜货、急冻货和干货三种，其中以新鲜姬松茸菌为最好，可惜受时令限制。当没有鲜货时，不妨改用急冻货，效果略逊一点，但是仍可使用。

黑松露菌鲍鱼烧卖

材料

烧卖皮 30片
已煨煮鲍鱼仔 30只

馅料

赤肉（猪腿瘦肉）300克
鲜虾肉 225克
黑松露菌 75克

调味料

盐 8克
味精 11克
砂糖 19克
生粉 23克
生油 38克

芡汁

黑松露汁 38克
上汤 300克
蚝油 少量
砂糖 少量
生粉 2茶匙

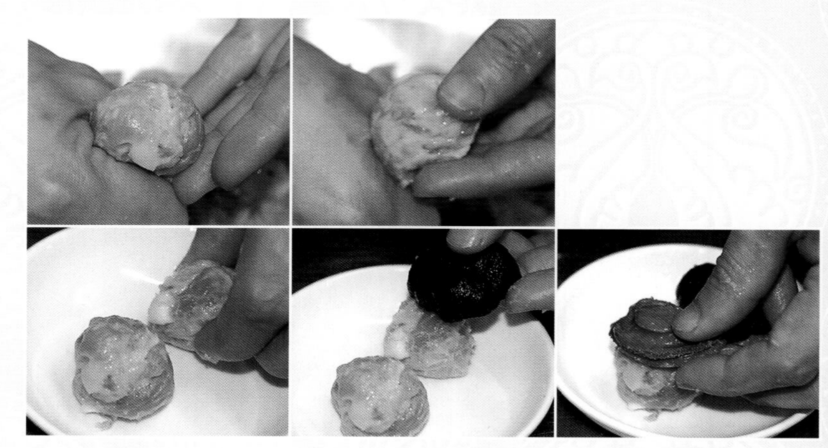

烹制时间：6～8分钟　分量：30个

做法

1 黑松露菌洗净，切小粒。
2 鲜虾肉洗净，用布吸干水分，切碎。
3 赤肉洗净，吸干水分，切小粒，搅至起胶，加入调味料，再加入虾肉碎拌匀，最后加入一半黑松露菌粒拌匀。
4 用烧卖皮包上约20克馅料，捏实，面上加鲍鱼仔，放入蒸笼以大火蒸6～8分钟。
5 再把剩余黑松露菌粒打成蓉，加芡汁料调稠，淋在烧卖上即成。

老人头鲜菌上汤包

材料

蛋清 400克（约10只鸡蛋蛋清）
芦笋片 40片

馅料

老人头鲜菌 300克
带子粒 75克
鸡肉粒 75克
竹荪 75克
枸杞子 19克

调味料

盐 4克
浓缩鸡汤 2克
砂糖 15克
味精 2克

上汤芡汁

上汤 1500克
生粉 56克

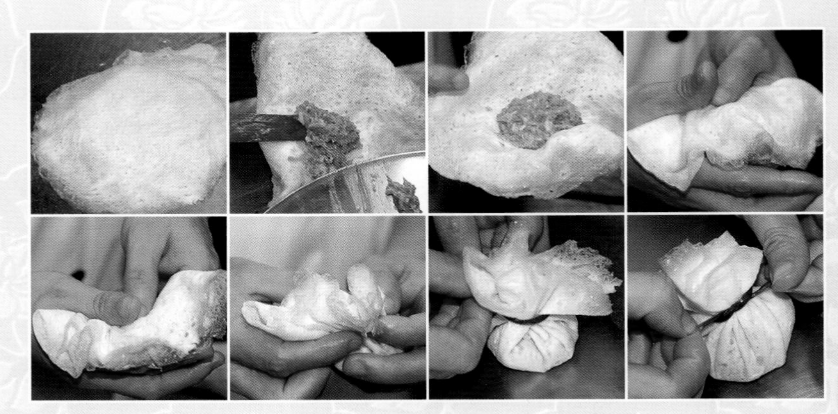

烹制时间：10分钟　分量：10个

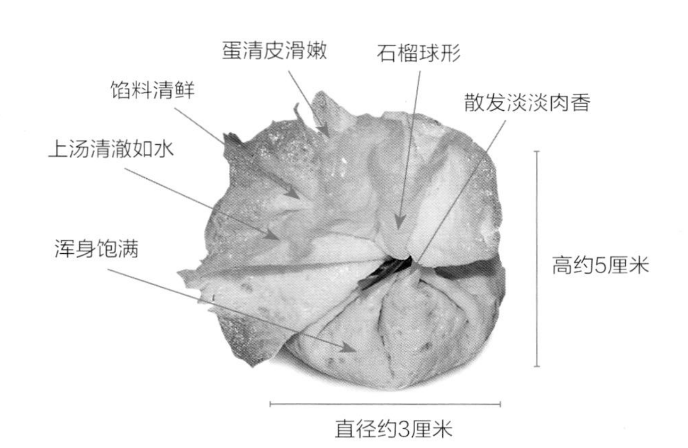

做法

1 把蛋清放进平底锅中，煎成蛋清皮。竹荪汆水，切粒。
2 热镬下油，放入馅料（预留75克老人头鲜菌打蓉）爆炒熟，下调味料炒匀，盛起放凉。
3 在一片蛋清皮上，放约38克馅料，再包成石榴状。
4 把预留的老人头鲜菌蓉和上汤芡汁搅匀，煮至微稠，淋在石榴汤包上，即成。

云滇鲜菌小笼包

材料

中筋面粉皮 30片

馅料

猪肉 600克
黑松露菌 38克
牛肝菌 75克
上汤冻 600克

调味料

姜米 少量
盐 8克
味精 23克
砂糖 38克
生油 38克

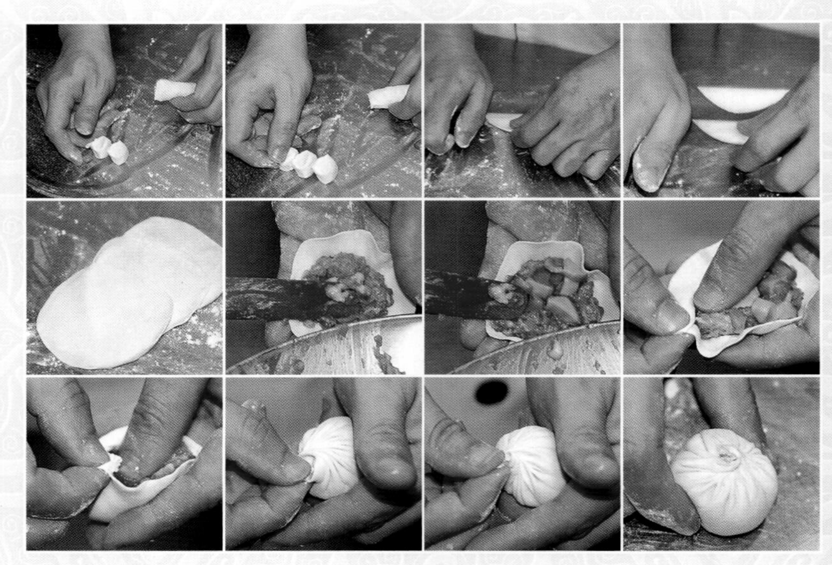

烹制时间：5分钟　分量：30个

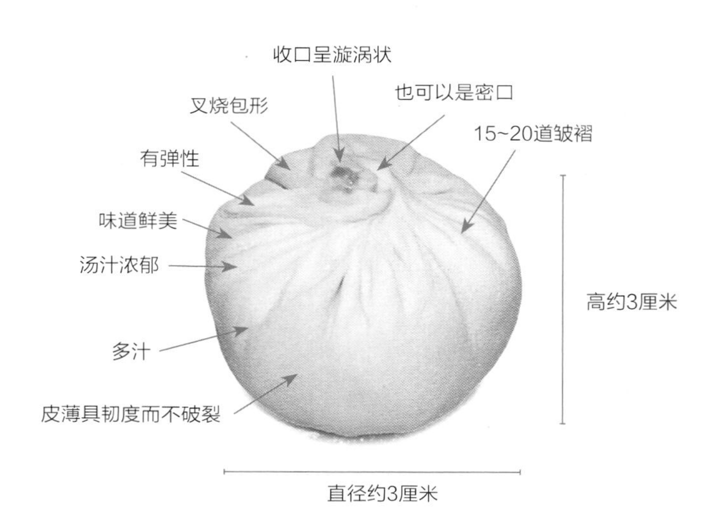

做法

1 把牛肝菌和黑松露菌洗净，切碎。

2 猪肉洗净，用布吸干水分，切小粒，搅至起胶，下调味料拌匀，再加入牛肝菌碎和黑松露菌碎，拌匀。

3 一片中筋面粉皮包入约30克馅料和约20克上汤冻，收折成叉烧包形。

4 放入蒸笼以大火蒸5分钟，即成。

顶级点心师提示

❶ 中筋面粉皮的主要成分为中筋面粉，筋性很强，含回弹能力。材料和做法：中筋面粉300克、澄面粉94克、冰粒水225克；把所有材料放入搅拌机打至平滑，放冰箱中冻20分钟（让面团松筋或行身），取出开薄，每片面粉皮重约6克，直径长5～6厘米，厚2～3毫米。

❷ 上汤冻是高级点心馅料常用配料，有助于馅料保留水分，特别是制作灌汤包或饺，上汤冻更是必备之物。材料和做法：金华火腿113克、老鸡1/2只、鱼胶粉11克、姜2片、猪肉300克、鸡脚600克、清水200克；所有肉料汆水后，与清水、鱼胶粉和姜片一同置于碗内，以大火炖4小时即成。

客家大娘叶仔粿

材料

糯米浆 600克
澄面粉 113克
牛奶 338克
白菜油 38克
鸡精 8克
盐 8克
砂糖 38克

馅料

荸荠粒 150克
沙葛（豆薯）粒 150克
菜脯（萝卜干）粒 75克
冬菇粒 150克
虾米 75克
半肥瘦叉烧粒 300克
花生碎 75克
猪肉松 38克

调味料

盐 4克
味精 11克
砂糖 30克

装饰

竹叶或新鲜蕉叶 适量

烹制时间：15分钟　分量：30个

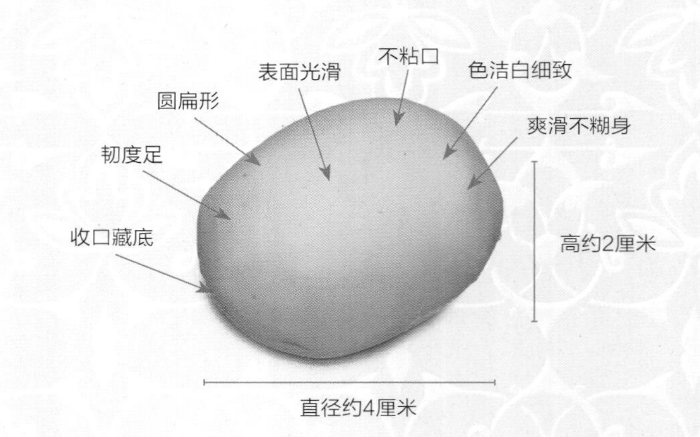

做法

1 把材料拌匀，搓揉成团，放冰箱冷冻15～20分钟。
2 热镬下油，放入馅料炒熟，下调味料，炒至馅料呈干爽状。
3 糯米面团分成30等份，捏薄，每份包上约30克馅料，包好封口，底部向下。
4 放在有疏孔的铁板上以大火蒸15分钟，扫少量食油于粿面上，稍放一会儿，再用竹叶或新鲜蕉叶包裹。

顶级点心师提示

竹叶和蕉叶属于可食用且带香味的叶子，经加热后会散发出淡淡清香。昔日点心师做农家糕点总爱就地取材，将竹叶或蕉叶用作食物的底垫或用其包裹食物，竹叶和蕉叶随手可得且环保，并会让糕点渗进叶香。

青蟳脆米粿

材料

糯米饭 600克
糯米纸（威化纸）30块

馅料

鲜虾粒 113克
带子粒 113克
瑶柱 75克（浸软，蒸熟）
冬菇 113克（浸软，蒸熟切粒）
熟蟹肉 150克
炸花生 75克
葱花 38克

馅料调味料

盐 1/4茶匙
砂糖 1/2茶匙

捞饭调味料

盐 8克
味精 11克
砂糖 19克
橄榄油 75克
上汤 150克

烹制时间：10分钟　分量：30个

做法

1 热镬下油，放冬菇粒、鲜虾粒和带子粒爆炒，下馅料调味料炒熟，盛起，加入其他馅料并和糯米饭拌匀，再放入捞饭调味料。
2 把拌好的糯米饭分成30等份，每份约38克，再用糯米纸包裹。
3 把米粿放入油温达160℃的滚油中炸至金黄，捞出，沥油，用吸油纸吸干油分。

顶级点心师提示

❶ 糯米用清水浸3～4小时，再以大火蒸30分钟，600克糯米饭约要300克糯米。

❷ 这款点心所用的蟹肉一定要即拆即做。糯米饭要半软硬，可另加脆浆油炸。

蒙山黄芽茶香粿

材料

蒙山黄芽 19克
香片茶 19克
滚水 450克
日本绿茶粉 4克
糯米粉 300克
澄面粉 75克
白菜油 19克
橄榄油 少量
竹叶或鲜斑兰叶 少量

馅料

红豆 450克
砂糖 150克
鱼胶粉 23克

烹制时间：10分钟　分量：40个

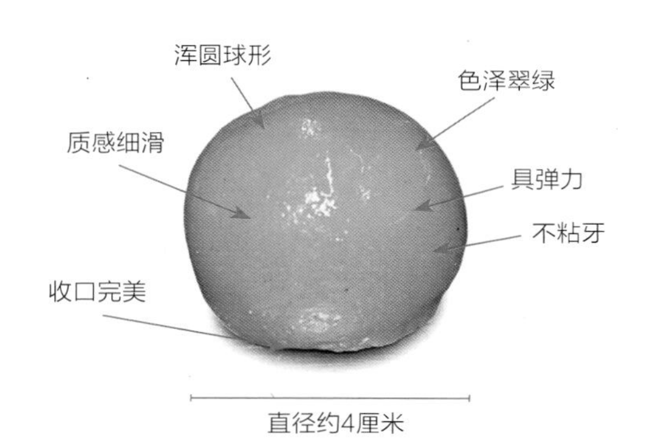

做法

1 蒙山黄芽和香片茶用滚水浸泡至出茶味，隔去茶渣至清茶，备用。
2 日本绿茶粉、糯米粉和澄面粉筛匀，倒入清茶和白菜油搓揉成团。
3 红豆泡水30分钟后，蒸熟成红豆蓉，加入鱼胶粉和砂糖搅匀，再蒸3分钟，取出放凉，放冰箱冻20分钟。
4 茶面团分成40等份，每份重约19克，包上约15克馅料，放入蒸笼蒸10分钟后，在面上扫少量橄榄油，用竹叶或鲜斑兰叶卷成喇叭形，然后放入茶粿。

顶级点心师提示

1. 用茶做点心是现今点心潮流，茶与红豆的味道特别匹配。
2. 切忌泡茶时间过长，否则会令点心带有苦涩味道。

南瓜燕窝球

材料

日本小南瓜 75克
糯米粉 300克
吉士粉 38克
澄面粉 38克
泡打粉 11克
砂糖 113克
清水 225克
白菜油（后下）38克

馅料

燕窝 38克
鱼胶粉 23克
砂糖 75克

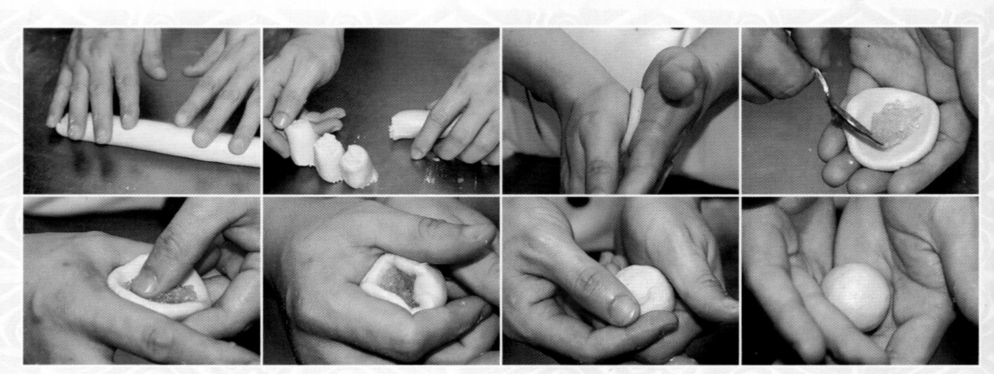

烹制时间：13分钟　分量：20个

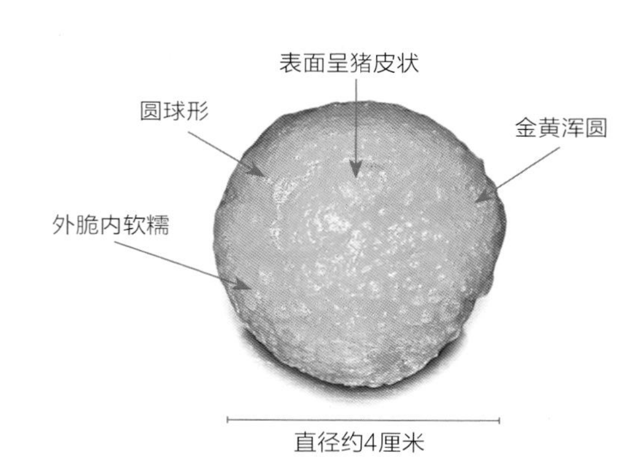

做法

1 先将日本小南瓜蒸熟，取其肉，再加入其他材料（除白菜油）搓揉或搅拌，直至滑身，再倒入白菜油搅透。

2 燕窝浸清水60分钟，洗净，取出，加入砂糖和鱼胶粉拌匀，蒸10分钟，放凉，放冰箱中冻至凝固，取出切粒，备用。

3 南瓜面团分成20等份，每份重约15克，包上约23克馅料，搓圆，放入160℃油温的滚油中炸至金黄。

顶级点心师提示

38克干燕窝浸水后会涨发至约300克。

桂花豌豆糕

材料

豌豆糕（底层）
豌豆 450克
清水 1200克
砂糖 225克
鱼胶粉 56克
食用柠檬黄色素 少量（调色用）

桂花糕（面层）
干桂花 56克
滚水 1200克
砂糖 225克
鱼胶粉 56克
桂花酒 38克
食用柠檬黄色素 少量（调色用）

烹制时间：1小时　分量：60～80块

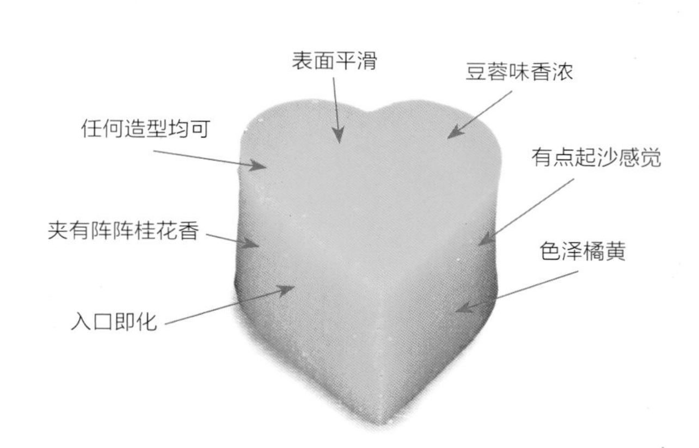

做法

1 豌豆糕（底层）：豌豆洗净浸水6小时后捞出，加清水以大火炖至豌豆软糯变成蓉，取出加入砂糖、鱼胶粉和食用柠檬黄色素拌匀，倒入饼盆摊凉，放进冰箱冻至凝固。

2 桂花糕（面层）：把干桂花放进滚水浸泡至出味，隔渣，加入鱼胶粉、砂糖、桂花酒和食用柠檬黄色素拌匀，放凉，倒在已凝固的豌豆糕面上，放回冰箱中冷冻，凝固后可用模具做出不同图案。

顶级点心师提示

底层豌豆糕必须完全凝固，才能倒入已凉的桂花混合液，否则做不出层次；桂花混合液未凉就倒在豌豆糕上会令底层溶化。

鸳鸯奶皮卷

材料

黑芝麻卷

黑芝麻汁 1500克
砂糖 450克
鱼胶粉 100克

鲜奶卷

鲜奶 1500克
鲜忌廉 150克
砂糖 450克
鱼胶粉 100克
橄榄油 少量

烹制时间：10分钟　分量：30～40个

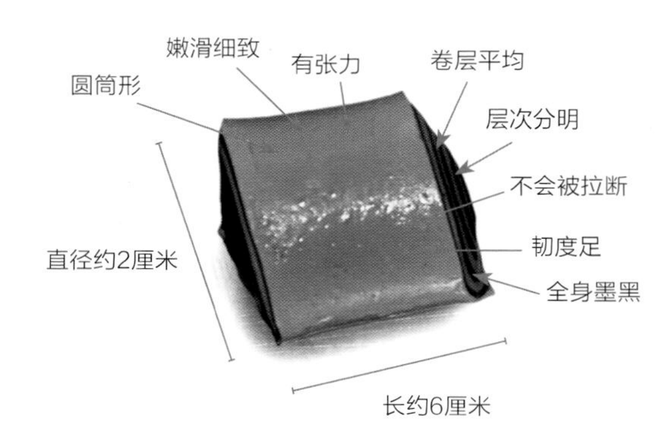

做法

1 黑芝麻卷：黑芝麻汁煮至80℃（切勿煮至大滚），然后加入砂糖和鱼胶粉煮溶，熄火，稍放凉，倒入薄糕盆，摇匀变成一层薄芝麻浆，放入冰箱冻至凝固。

2 鲜奶卷：鲜奶和鲜忌廉同放入锅中煮至80℃（切勿煮至大滚），然后加入其他材料煮溶，熄火，稍放凉，加在冻好的黑芝麻浆上，待凝固成一层薄白奶皮。

3 组合：将鸳鸯奶皮卷好，面扫少量橄榄油，切成6厘米长条形或自己喜爱的大小。

顶级点心师提示

❶ 黑芝麻600克洗净配清水1800克，磨碎，隔渣后便是黑芝麻汁。

❷ 鲜奶如果煮至大滚，表面会出现一层奶皮，会让鲜奶糕失掉奶的香味，变得不香浓，还可能出现粗粒，以致不够细滑。

冰山美人茶香冻

材料

日本绿茶粉 8克
小叶苦丁茶 8克
茉莉花 4克
滚水 750克
砂糖 150克
鱼胶粉 19克
蛋清 80克
鲜忌廉 113克
食用苹果绿色素 少量

烹制时间：5分钟　分量：8～10杯

做法

1 先把日本绿茶粉、小叶苦丁茶和茉莉花用滚水泡出茶味，然后用白纱布隔出茶汁，再分成两份。

2 将蛋清拌匀，加入砂糖、鱼胶粉和鲜忌廉打匀，分成两份，一份加入茶汁，倒入糕模放凉，再放入冰箱冻至凝固。

3 把另一份和食用苹果绿色素拌匀，再倒入已凝固的茶冻上，最后放入冰箱冷冻至凝固。

顶级点心师提示

绿茶是未经炒制的茶叶，带有天然青草味道，茶味清淡，属于有益身体的新派材料，最适合做冷冻糕点。

金沙西谷米布丁

材料

西米 113克
牛油 38克
清水 600克
椰浆 150克
砂糖 225克
吉士粉 56克
奶粉 56克
粟粉 38克
鸡蛋 1只
食用柠檬黄色素 少量（调色用）

饰面

蛋清 200克
蛋黄 75克
吉士粉 19克
君度橙酒 4克

烹制时间：10分钟　分量：6～8个

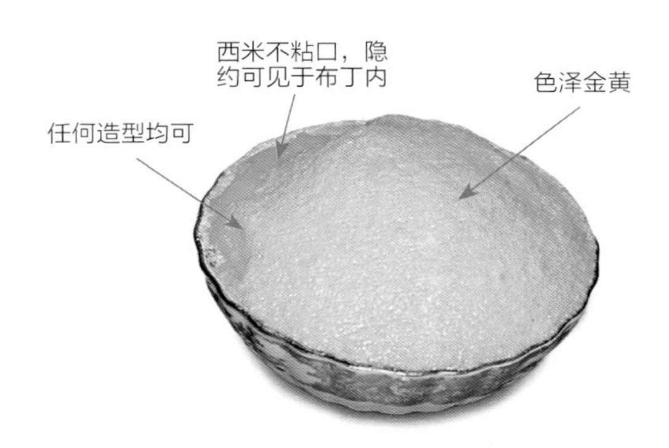

做法

1 西米洗净，清水煮滚，放西米到滚水中煮3分钟，加入砂糖和牛油煮滚，待用。

2 把粟粉、吉士粉和奶粉筛匀，然后用椰浆和鸡蛋调成粉浆，慢慢加入西米糖水中煮熟，再加入食用柠檬黄色素调匀，最后倒入焗盅内。

3 饰面：蛋清打匀，拌入蛋黄、君度橙酒和吉士粉，挤在焗盅面上，再把焗盅放在已注水的焗盘内，用底火100℃和面火200℃焗10分钟或焗至点心表面呈金黄色便可。

顶级点心师提示

❶ 焗盅需要扫点牛油，以免布丁粘杯和变焦。

❷ 粉浆必须彻底搅匀才能倒入糖水中慢慢煮至稠状，否则，很容易变成有粒状，不够细滑。

❸ 如果奶糊煮得不够爽滑，可以用密孔筛小心压磨细。

芝士鲑鱼酥

材料

面团

面粉 600克

白菜油 75克

油心

面粉 150克

白菜油 300克

食用橙红色素 少量

馅料

烟三文鱼 450克

卡夫芝士片 225克

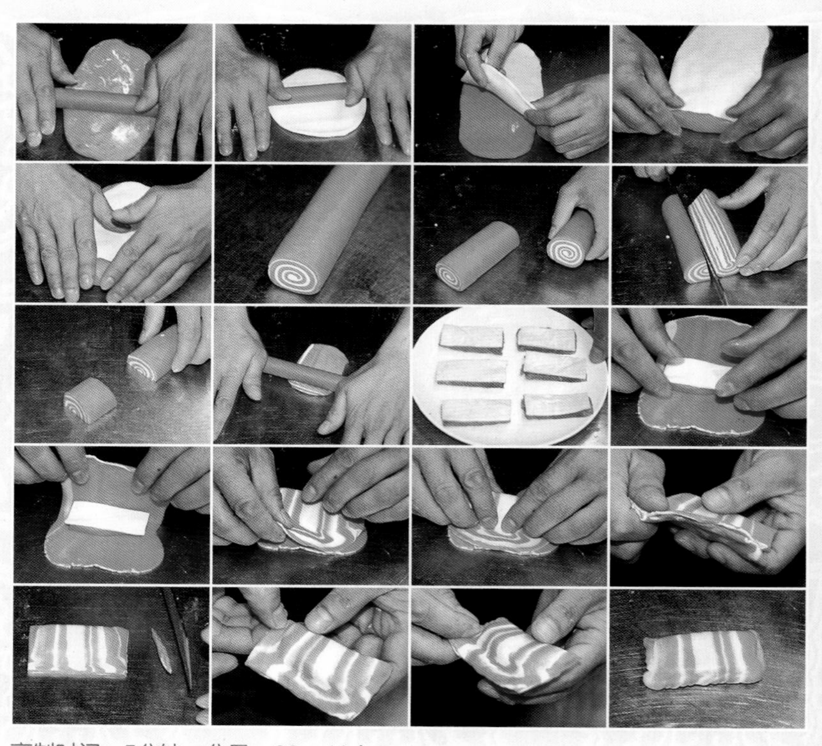

烹制时间：5分钟　分量：30～40个

干爽香脆不含油

色泽天然

长方形卷状

纹理自然清晰

不硬实

松层分明

宽约3厘米

没有硬块

长约5厘米

做法

1 把油心的面粉和白菜油混合后分成两等份，一份加入少量食用橙红色素，另一份不加，分别搓成两色油心。

2 把面团料搓揉成软滑面团，碾薄，放上两色油心，重复折叠，做成层次分明的酥皮。

3 酥皮切片，卷成长条后再切成两份，每份长约5厘米，碾成薄片，包上1片烟三文鱼和1片芝士，折好，修边位。

4 把三文鱼酥放入油温达100℃的炸炉内炸至金黄便可。

顶级点心师提示

1. 酥皮搓完后可加点白菜油或用保鲜膜包裹，以防止面团表面风干而产生裂纹。
2. 制品应该即制即炸，否则制品的封口容易因干燥而爆裂。

三、惟妙惟肖的像生点心

海皇鱿鱼饺

材料

水晶皮 225克（请参阅第46页）
黑芝麻 适量（做眼睛）

馅料

鲜鱿鱼粒 300克
墨鱼 300克
已煨煮鱼翅 38克
荸荠碎 38克
已浸发银耳碎 38克
葱花碎 19克
圆椒碎 19克

调味料

盐 4克
味精 8克
砂糖 15克
粟粉 19克
生油 19克

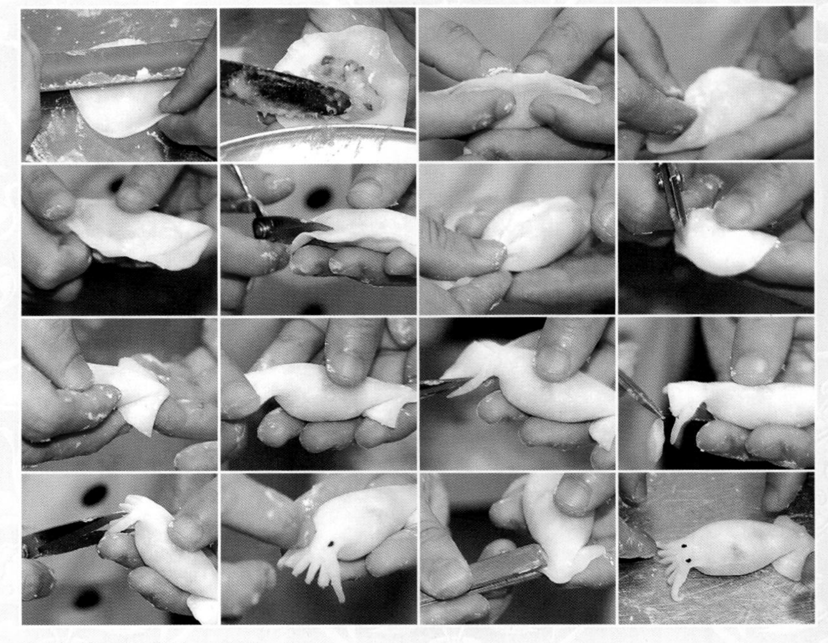

烹制时间：3分钟　分量：20个

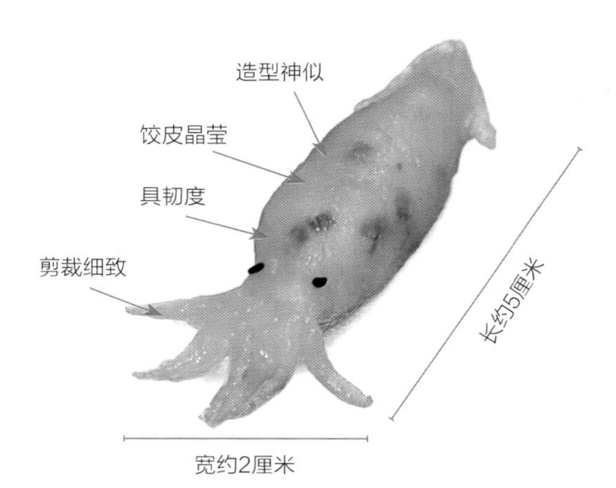

做法

1 墨鱼洗净，剁碎，搅至起胶，加入调味料拌匀，再混合其他馅料，备用。
2 把水晶皮分成20份，每份重约11克，包上约15克馅料，捏成墨鱼仔形，粘上黑芝麻做眼睛。
3 放入蒸笼以大火蒸3分钟，便可食用。

顶级点心师提示

墨鱼洗净后必须把身上的筋衣完全撕掉。若用碎肉机搅碎，质感会细致均匀；若用刀剁墨鱼，虽有嚼劲，却会偶尔感到有粗粒，做起来费时，效果又不好。

顺德拆鱼饺

材料

澄面皮 225克（请参阅第51页）
黑芝麻 少量（做眼睛）
老抽 少量（做鱼身）

馅料

鲜鳜鱼肉 300克
鲜虾肉 300克
竹荪碎 38克
陈皮丝 4克
姜丝 4克

调味料

盐 4克
味精 11克
砂糖 15克
生粉 23克
白菜油 19克
麻油 19克

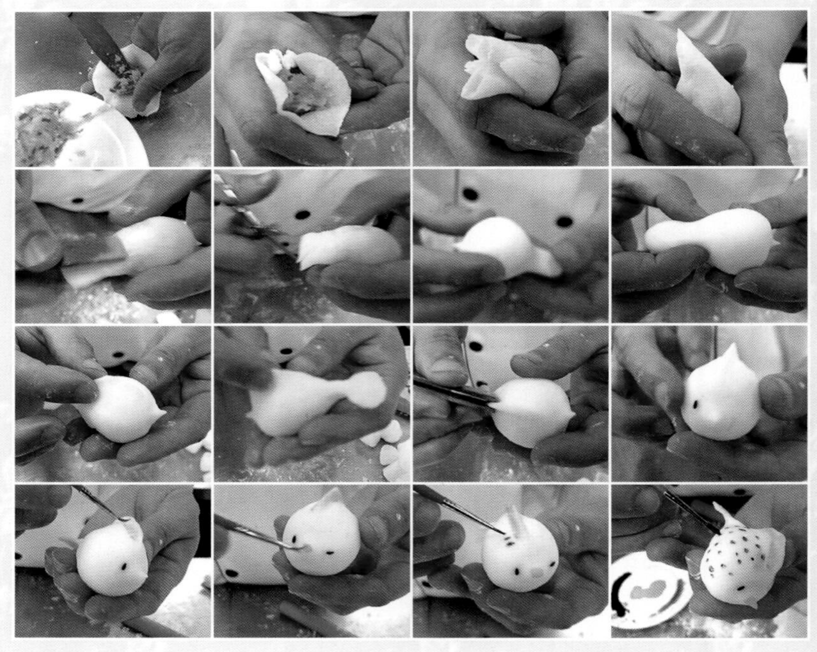

烹制时间：3分钟　分量：20个

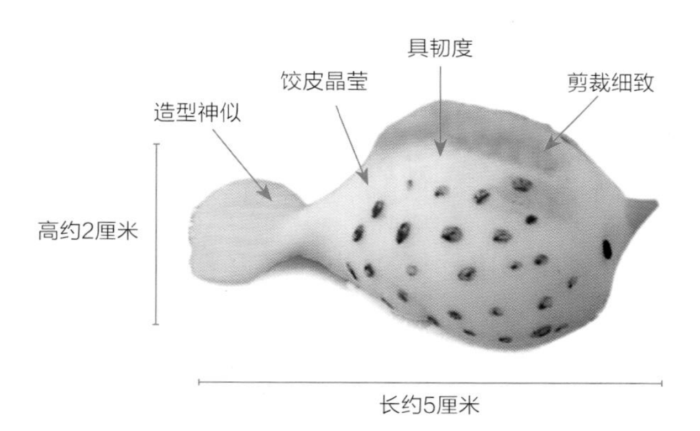

做法

1 鲜鳜鱼肉切小粒。
2 鲜虾肉剁碎，大力打至起胶，加入调味料拌匀，再拌入鳜鱼肉粒和其他馅料，备用。
3 澄面皮分成20等份，每份重约11克，包上约19克馅料，捏成小鱼形，用刷子蘸上少量老抽，画出鱼身装饰，拍上少量生粉，放上黑芝麻做眼睛。
4 放入蒸笼以大火蒸3分钟即可。

顶级点心师提示

做像生点心需要细心观察，这样才能充分掌握模仿对象的特征和神态，还要考虑制品应与哪种烹饪方法吻合，特别是油炸类点心难以控制，稍微不慎，便会破坏成品造型，影响卖相，让食客倒胃口。

上汤花枝饺

材料

澄面粉 188克
生粉 38克
滚水 160克
黑芝麻 少量（做眼睛）
上汤 1～2杯
芦笋片 30片
竹荪片 30片

馅料

墨鱼 600克
猪肥肉粒 150克
荸荠粒 75克
中国芹菜粒 19克
已浸湿的去蒂冬菇 30片

调味料

盐 4克
味精 8克
砂糖 15克
麻油 4克

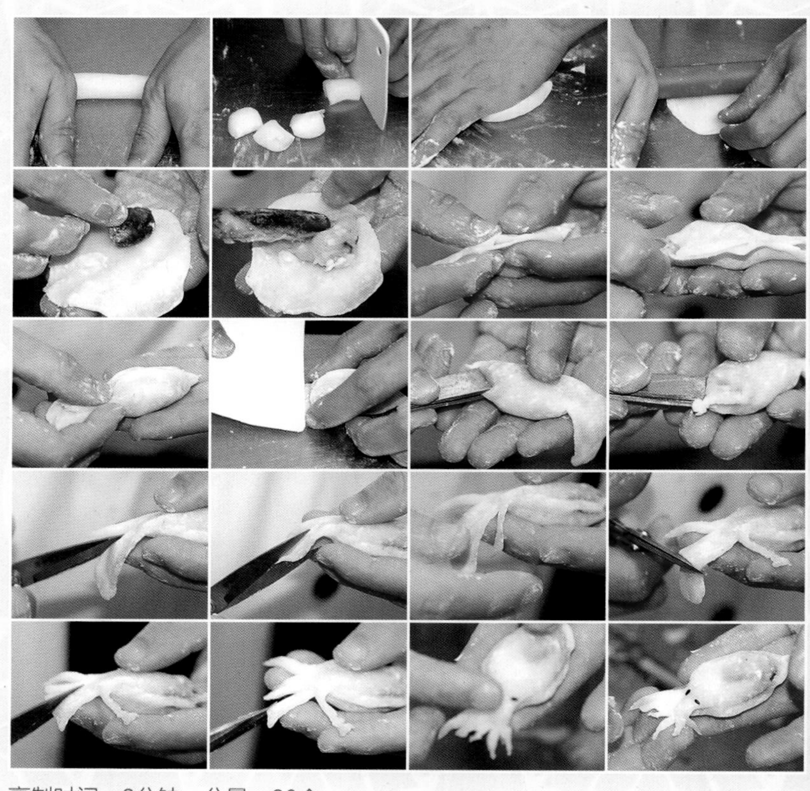

烹制时间：2分钟　分量：30个

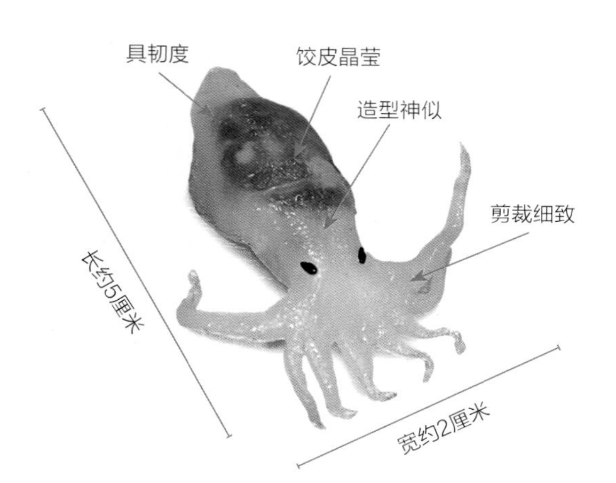

做法

1 墨鱼洗净，剁碎，加盐搅至起胶，再加入剩余调味料和其他馅料拌匀。
2 澄面粉和生粉筛匀，冲入滚水快速搅透成团，分成30等份，每份重约11克，压薄，包上约15克馅料，捏成墨鱼仔形态，贴上黑芝麻做眼睛。
3 把墨鱼饺放入蒸笼，以大火蒸2分钟，取出。
4 上汤煮滚，放入芦笋片和竹荪片煮熟，再加入墨鱼饺即成。

顶级点心师提示

❶墨鱼饺做好后蒸熟，然后才上汤盅。

❷对此有高要求的人，可以自己动手炖汤，效果会很不同。材料为清水1800克、老鸡1/2只、金华火腿75克、瘦肉150克，所有肉料需汆水后再与其他材料以中火炖4小时。

香花蝴蝶饺

材料

澄面皮 225克（请参阅第51页）

馅料

虾胶 225克
银耳碎 38克
芫荽梗碎 19克
夜香花 19克

调味料

盐 2克
砂糖 8克
生粉 8克
味精 4克
麻油 适量
胡椒粉 适量

装饰

黑芝麻 少许
葱 少许

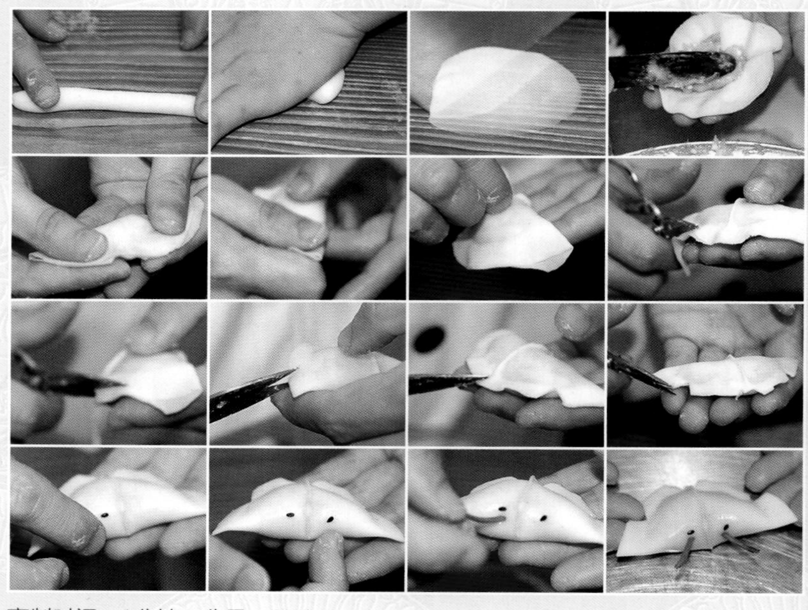

烹制时间：3分钟　分量：20个

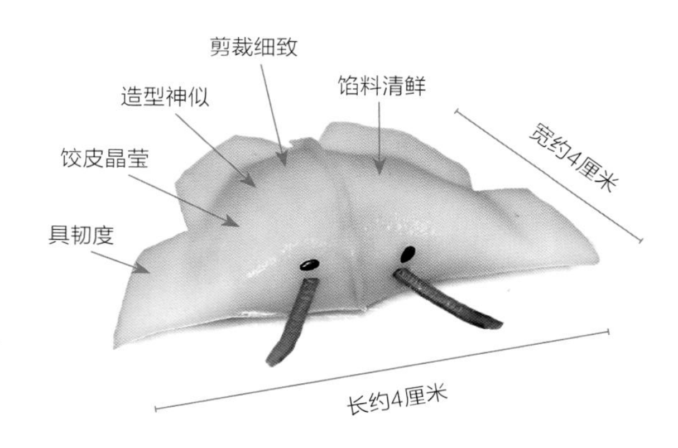

做法

1 将虾胶与调味料大力搅匀，加入其余馅料，放入冰箱冻30分钟，备用。
2 把澄面皮分成20等份，每份重约11克，开成圆面皮，包上约16克馅料，做成蝴蝶形。
3 将饺子放入蒸笼，以大火蒸3分钟，再用黑芝麻和葱进行装饰。

顶级点心师提示

凡饺类制品经蒸熟后不会立即变成透明，只需待蒸气稍过，饺皮自然会变透明。昔日的点心师为了增加色泽会在出笼前在饺皮上涂抹一点熟油，让饺皮带有油润感，不过现代的潮流讲求健康，所以点心师会删掉这个工序，只有一些旧式老店或市井小茶馆仍然沿用。

冰花燕子饺

材料

澄面粉 188克
生粉 38克
砂糖 75克
白菜油 19克
滚水 188克

馅料

甜碎燕窝 75克
奶黄 188克
咸蛋黄 80克（蒸熟，压碎）

装饰

发菜 38克
黑芝麻 少许

烹制时间：3分钟　分量：12个

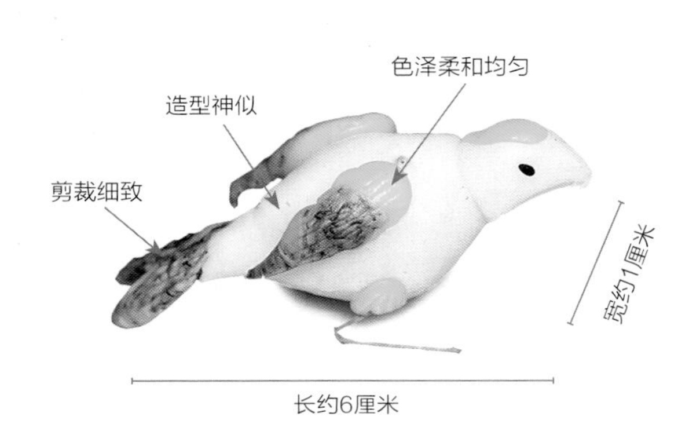

做法

1 澄面粉和生粉筛匀，冲入滚水搅成粉团，再加入砂糖和白菜油搓揉，直至软滑。取出76克澄面皮与发菜搓匀。

2 奶黄、咸蛋黄和甜碎燕窝做馅料。

3 粉团分成12等份，每个粉团包上约8克馅料，做成燕子形。发菜澄面皮分成36等份，碾平，用梳子印上纹理，贴在燕子上做翅膀和尾部装饰。再贴上黑芝麻做眼睛。

4 把饺子放入蒸笼以大火蒸3分钟。

顶级点心师提示

奶黄的材料和制法

此方法可制成奶黄2400克。

材料：砂糖600克、牛油225克、鸡蛋6只、三花淡奶225克、奶粉113克、炼奶225克、吉士粉150克、粟粉150克、食用柠檬黄色素少许（调色）和熟咸蛋黄600克（磨碎，后下）。

制法：先把所有材料放入大盆或搅拌机内打至细滑（切勿起粒），再放入蒸盆中以大火蒸45分钟，期间每隔15分钟搅拌1次，蒸45分钟后取出放凉，转放搅拌机内打细滑，最后加入熟咸蛋黄拌匀（喜欢原味的人，可以不加熟咸蛋黄）。

煎酿鲮鱼饺

材料

水晶皮 25片
鲮鱼皮 25片
生粉 少量（做粉培）
黑芝麻少许（做眼睛）

水晶皮

生皮团

生粉 150克
冷开水 300克

熟皮团

清水 300克
生粉 75克

馅料

鲮鱼肉 600克
澄面粉 38克
清水 225克
湿陈皮丝 38克
葱花 38克
芫荽 19克

调味料

盐 8克
味精 11克
砂糖 19克
鸡精 4克
胡椒粉 少许
麻油 少许
生油 38克

烹制时间：3分钟　分量：25个

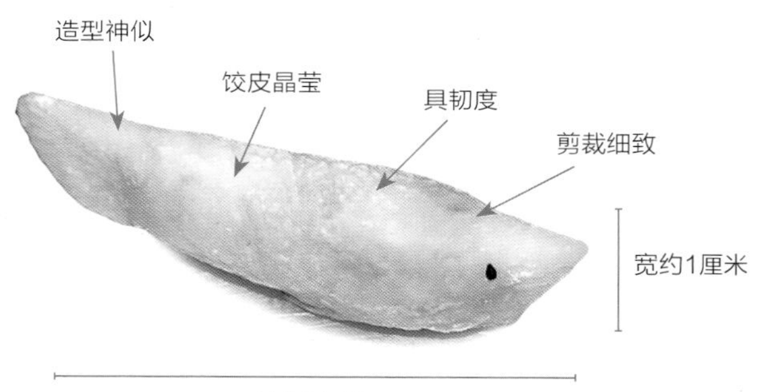

做法

1 水晶皮（每片水晶皮宽2.5厘米，长5厘米）：
生皮团：把生粉和冷开水拌成生粉浆。
熟皮团：将清水煮滚，倒入生粉浆内搓成面团，稍凉后加入生粉搓成软滑粉团。

2 馅料：把鲮鱼肉剁细，放盐后大力搅打成鲮鱼胶，放入澄面粉略拌匀，慢慢放入清水拌匀，加入调味料后，再加入芫荽、湿陈皮丝和葱花拌匀，放冰箱中稍微冷冻。

3 组合：水晶皮粉团（做皮时可用生粉做粉培）分成25等份，每份重约11克，用棍开薄，然后放上鲮鱼皮，再拍上生粉，包入鲮鱼肉馅约15克，做成鱼形，贴上黑芝麻做眼睛。每只鲮鱼饺总重约45克。放入蒸笼，以大火蒸约3分钟，转放镬中煎脆至呈金黄色。

顶级点心师提示

这款点心用了先蒸后煎的烹调方法，除了确保制品能完全熟透，还可使点心口感香脆并为其增添色泽。

鱼翅小白鹭

材料

澄面皮 188克（请参阅第51页）
黑芝麻 适量
粗针鱼翅 38克
金华火腿丝 19克
红甜椒丝 12条
蛋清 少量（防止做造型时粘手）

馅料

墨鱼肉 150克

调味料

盐 4克
味精 8克
砂糖 15克
麻油 4克

芡汁（装饰）

青豆蓉 150克
上汤 300克
生粉 8克
清水 适量

烹制时间：5分钟　分量：12只

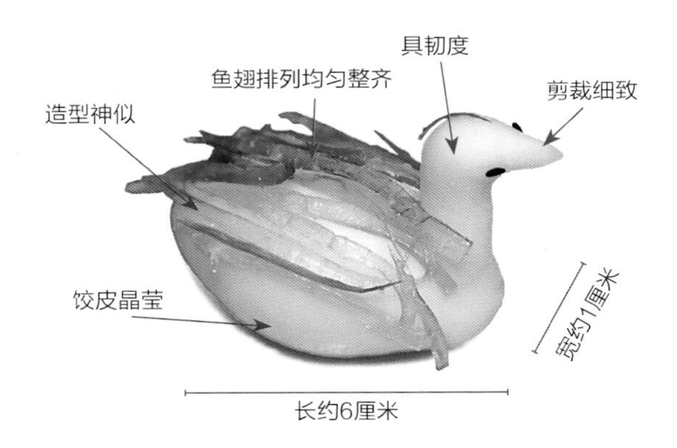

做法

1 墨鱼肉剁碎，加盐搅至起胶，再加入剩余调味料拌匀。
2 把澄面皮分成24份，碾薄，包上约15克馅料，捏成小白鹭身体，再用少量澄面皮做头颈，然后贴上黑芝麻做眼睛，放上粗针鱼翅做翅膀，红甜椒丝做顶冠。
3 把小白鹭饺放入蒸笼，以大火蒸5分钟，取出。
4 青豆蓉与上汤煮滚，加入生粉水煮稠，淋在碟上做小白鹭饺的池塘。

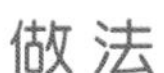

顶级点心师提示

❶ 小白鹭的头部预先蒸熟，然后待身体做好，再插上已蒸熟的小白鹭头，这样小白鹭头不容易下垂。

❷ 粗针鱼翅必须够粗，翅膀才可以明显地呈现于小白鹭的身体上。

牛肝菌胭脂石榴粿

材料

澄面粉 300克
生粉 38克
滚水 450克
菠菜汁 75克
发菜 少量
食用桑红色素 少量

馅料

鲜牛肝菌 300克
鲜虾肉 113克
带子 113克
荸荠 75克

调味料

盐 4克
味精 11克
砂糖 19克

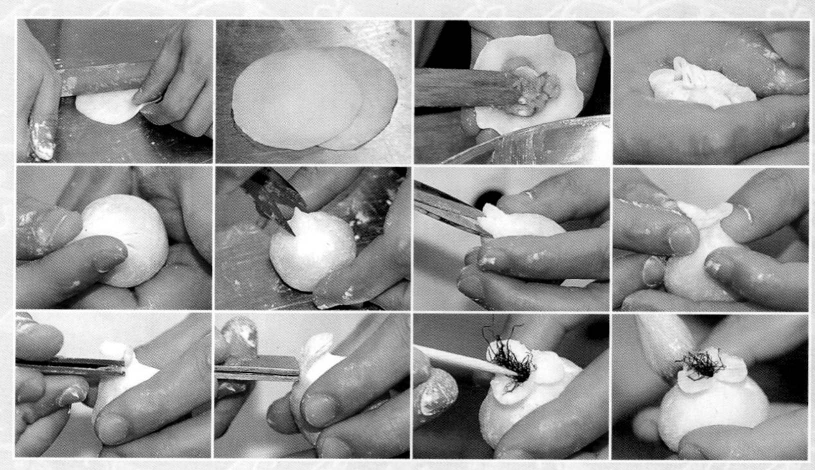

烹制时间：3分钟　分量：10个

蒂部均匀
厚薄均一
造型神似
饺皮晶莹
饱满浑圆
高约4厘米
直径约4厘米

做法

1 鲜牛肝菌刷净，切粒。鲜虾肉和带子洗净，用干净布吸干水分，切粒。荸荠洗净，切粒。
2 热镬下油，放牛肝菌炒香，加入其他洗净的馅料炒熟，下调味料炒匀，盛起。
3 澄面粉和生粉一同筛匀，冲入滚水搅成白粉团，取出150克白粉团加入菠菜汁搓成绿粉团；剩余白粉团则分成10等份，每份重约56克，碾薄，直径约7厘米，厚约3毫米。
4 包上约30克馅料，捏成石榴果形，放少量发菜做蒂心。绿粉团做成石榴托，每个石榴托3瓣，贴在石榴果上，再点少许食用桑红色素于石榴果身上。
5 放入蒸笼以大火蒸3分钟，即成。

顶级点心师提示

将225克菠菜加75克清水放搅拌机内搅拌，便成菠菜汁。

荸荠花锦鲤

材料

澄面皮

澄面粉 300克
生粉 38克
滚水 300克
墨鱼汁 少许
食用橙红色素 少许

馅料

花枝胶 450克
肥猪肉粒 113克
墨鱼胶 100克
荸荠粒 75克
芫荽梗碎
黑芝麻 少许

调味料

盐 4克
味精 11克
砂糖 19克
生粉 19克
麻油 2克
胡椒粉 少量
橄榄油 少量

烹制时间：3分钟　分量：25只

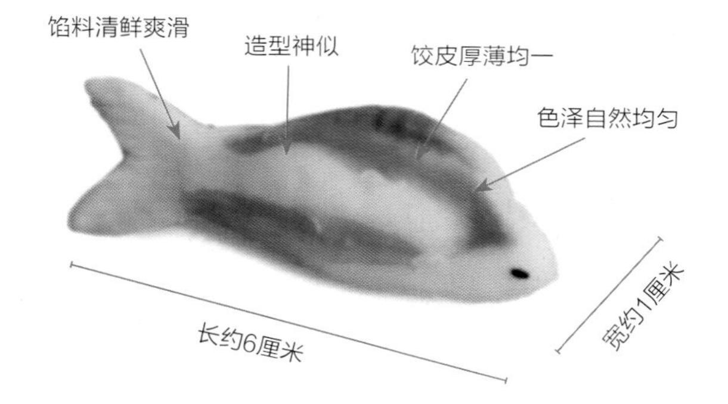

做法

1 澄面皮：澄面粉和生粉拌匀，冲入滚水待冲熟粉料后搓揉至软滑，用透明胶袋装着。

2 馅料：墨鱼胶、肥猪肉粒，加盐以大力搅透后下其余调味料拌匀，再加入切好的荸荠粒拌匀，最后再加入芫荽梗碎。

3 组合：取出约75克白澄面皮与食用橙红色素混合做成红色粉团。另取出约75克白澄面皮与墨鱼汁混合搓匀成黑色粉团。取2克红色粉团、2克黑色粉团、8克白色粉团，混合在一起，用开皮刀碾薄粉团，然后包上花枝胶约18克和混合好的馅料，封口锁边，做成花锦鲤，贴上黑芝麻做眼睛。将花锦鲤放入蒸笼后，扫点橄榄油以大火蒸3分钟。

顶级点心师提示

❶ 锦鲤最好是即做即蒸，在表面扫少量橄榄油，否则容易出现裂皮的现象。
❷ 做三色粉团时尽量使花纹稀疏一点，造型会更神似。

岭南妃子笑

材料

糯米粉 150克
面粉 150克
奶粉 38克
砂糖 38克
牛奶 188克
鲜忌廉 75克
清水 75克

馅料

奶黄 375克（请参阅第89页）

装饰

可可粉 少量
食用红色素 少量
食用淡绿色素 少量

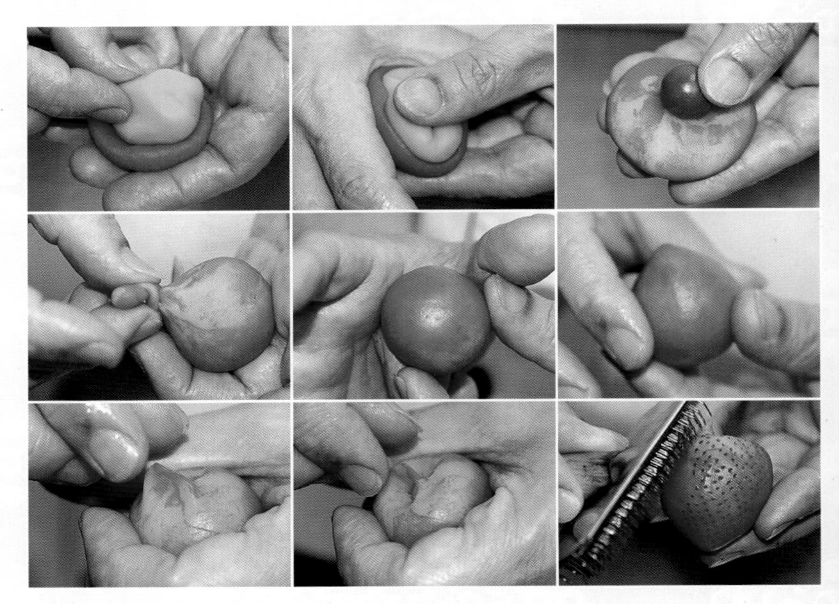

烹制时间：5分钟　分量：20粒

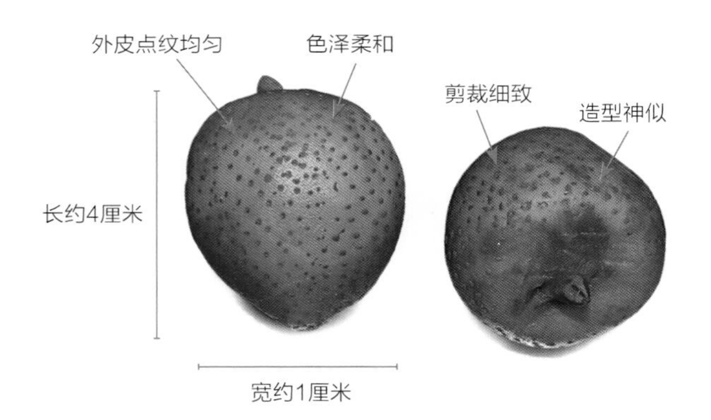

做法

1 将所有粉材料筛匀，再加入其他材料搓匀，放入糕盆用大火蒸10分钟至呈半生半熟状，取出稍凉一会儿，分成三等份。其中两份分别调入食用红色素和食用淡绿色素，另一份作为原色白面团。
2 每份面团按比例是红面团8克、绿面团8克、白面团4克，共20克，一起搓揉成粉团。
3 三色粉团包上约11克馅料，捏成荔枝状，用模具沾少许食用红色素，点在已包馅的荔枝粉团上。
4 放入油温达80~100℃的油锅内炸5分钟即可。

顶级点心师提示

这个甜品应即做即吃，不宜久放，否则会软化，影响卖相。

豆蓉枇杷果

材料

绿豆 300克
砂糖 300克
椰浆 300克
橄榄油 75克

馅料

奶黄 600克（请参阅第89页）

糖浆皮（外层光面）

鱼胶粉 38克
砂糖 75克
滚水 450克

装饰

食用淡绿色素 适量
食用柠檬黄色素 适量
食用巧克力色素 适量

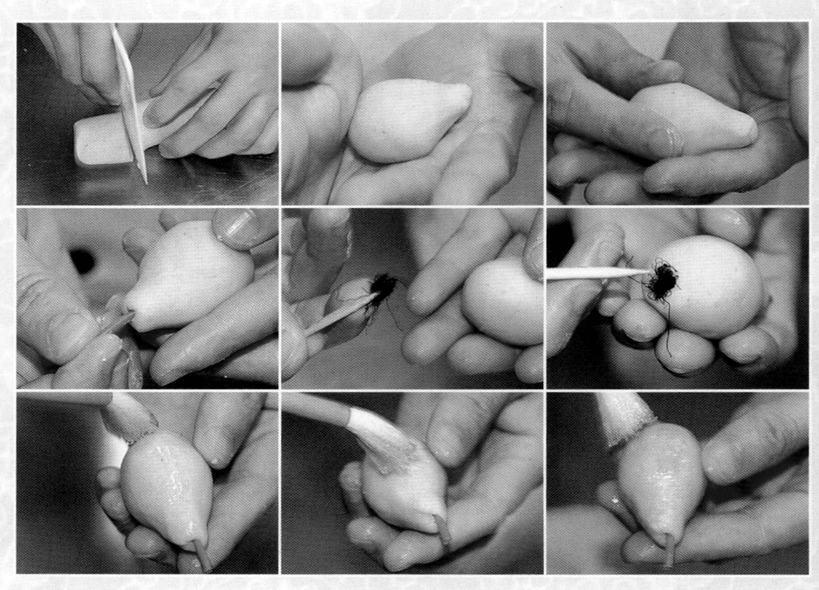

烹制时间：15～20分钟　分量：50个

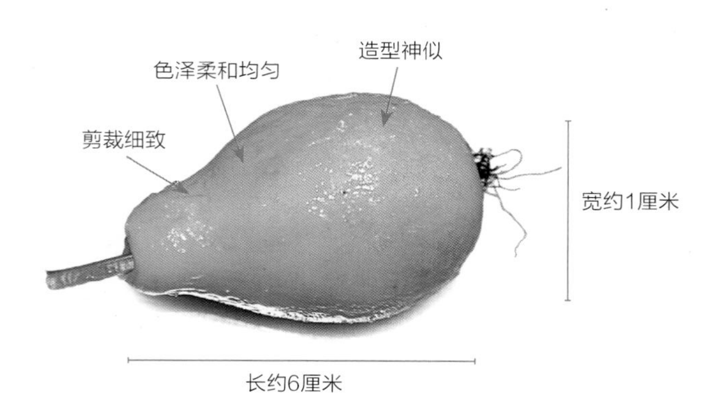

做法

1 糖浆皮馅料混合，搅拌至完全溶解。
2 绿豆用清水浸6小时，洗净，蒸熟（时间约15～20分钟），待蒸熟后加砂糖和椰浆，放入搅拌机内打成细滑绿豆蓉。
3 锅烧热，放入橄榄油和绿豆蓉，不停翻炒直至不黏手，以可任意搓圆压扁为准。
4 取出约19克绿豆蓉混合物，压扁，包入约11克奶黄馅，封口，捏成枇杷果形，外层扫上糖浆皮，最后用食用淡绿色素、食用柠檬黄色素、食用巧克力色素进行装饰。

顶级点心师提示

❶ 此款像生点心做好后，应该存放在10℃的温度下，若温度太低则会影响到制品的品质。

❷ 制作此点心时可根据场合的具体情况而变换点心造型。

扇贝酿明珠

材料
面粉 600克
泡打粉 6克
酵母 6克
砂糖 113克
白菜油 19克
鲜奶 225克

瑶柱上汤
瑶柱（中粒）15粒
清水 600克

芡汁
蚝油 8克
砂糖 19克
生粉 11克

烹制时间：45~50分钟　分量：15个

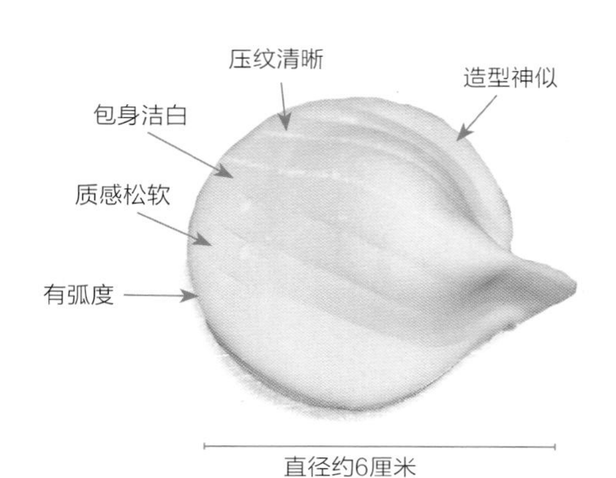

做法
1 面粉、酵母、泡打粉、砂糖、白菜油和鲜奶放入搅拌机内，搅成软滑面团。
2 把面团分成30等份，每份小面团约5厘米长，再捏成扇贝形。
3 将面团放入蒸笼以大火蒸6分钟。
4 瑶柱用清水浸软，再加清水以大火炖软，瑶柱原汁留用。
5 将已炖软的瑶柱放在扇贝形包上，备用。瑶柱原汁和芡汁料一同煮浓稠，淋在包上。

顶级点心师提示

瑶柱不要弄散，必须保持原状，否则会不像扇贝珍珠造型。

金鼓小鱼包

材料

面粉 600克
酵母 6克
泡打粉 6克
白菜油 19克
砂糖 113克
椰浆 113克
清水 113克

馅料

红豆蓉 600克

装饰

食用巧克力色素 适量
食用柠檬黄色素 适量
黑芝麻 适量（做眼睛）

烹制时间：15分钟　分量：30个

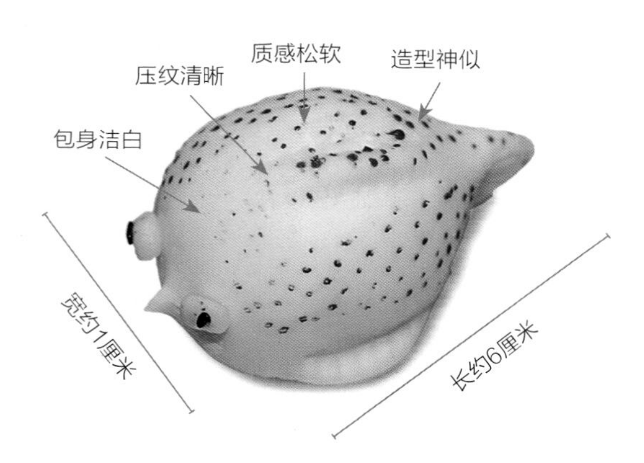

做法

1 面粉、砂糖、椰浆、清水、泡打粉、酵母和白菜油一同搓成软滑面团，置一旁行身15分钟。
2 红豆蓉分成30等份，每份重约20克，搓圆备用。
3 把粉团分成30等份，每份重约19克，碾成直径约5厘米的面皮，包上红豆馅，做成小鱼形，用食用巧克力色素和食用柠檬黄色素印上斑点和眼白部分，再贴上黑芝麻做眼睛。
4 将包点放入蒸笼以大火蒸15分钟。

顶级点心师提示

面团内含有椰浆，会令制品洁白柔软。椰汁本身含有椰油和类似牛奶的物质，故能调整面糊浓度，增加香味，还会令制品色泽悦目明亮。

虾子仿辽参

材料

澄面粉 150克
生粉 300克
滚水 300克
冷水 300克
墨鱼汁 19克
干虾籽 19克
浸发好已脱水发菜 150克
锡纸

调味料（面团）

盐 4克
味精 11克
鸡精 4克
生油 19克
砂糖 38克

蚝油芡汁

蚝油 8克
砂糖 15克
味精 8克
生粉 8克
上汤 225克

烹制时间：3分钟　分量：30只

做法

1 将150克生粉和150克澄面粉同置于大碗中，加入冷水300克搅成粉浆，然后冲入300克滚水，做成半生熟的粉浆，再加入剩下的150克生粉、发菜、墨鱼汁和调味料搓匀。

2 粉团分成30等份，每份粉团重约38克。将锡纸揉成条状，放入小粉团中央位置，将封口搓长，在粉团上剪出辽参的刺，放入蒸笼，以大火蒸3分钟，放凉，剪开辽参，取走锡纸。

3 将蚝油芡汁煮至稠状，浇在辽参上，最后撒上干虾籽。

顶级点心师提示

❶墨鱼汁是天然液体色素，带有一股腥味，汁液不细致，当混入面团时触手感觉不细滑并有点硬，这是正常现象。为了平衡进食时的口感，应选用半生熟面团调节它的质感，可以加强嚼劲又不失细滑的感觉。

❷面团搓揉后不会是纯黑色，因为面粉是白色，当与墨汁混合后便会变成淡灰黑色。

❸加入发菜能加强口感，缔造赏食层次。

君度棉花白兔

材料

砂糖 450克
滚水 450克
鱼胶粉 56克
君度香橙酒 19克
香橙油 少量
椰蓉 适量
食用橙红色素水 少许

烹制时间：5分钟　分量：24只

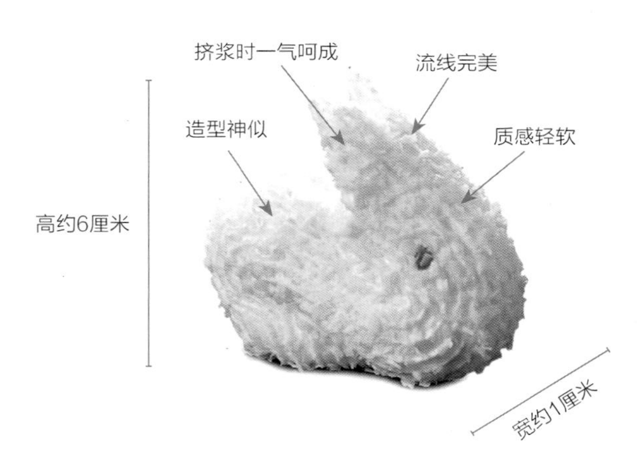

做法

1 砂糖和鱼胶粉拌匀，倒入滚水中煮至完全溶解，熄火，放入君度香橙酒和香橙油拌匀。
2 倒入打蛋机内，快速打起。以能竖立不倒为准，称为“企身”。
3 把鱼胶混合物放进裱花袋内，做出小白兔形。
4 小白兔放凉后，撒上椰蓉，然后用剪刀剪出白兔耳朵，再用竹签沾点食用橙红色素水在白兔上点成眼睛，即成。

顶级点心师提示

砂糖鱼胶水的浓度十分高，容易粘手，所以利用椰蓉可防止粘手。

小松鼠酥

材料

薯蓉酥皮

马铃薯 300克
澄面粉 263克
滚水 263克
熟咸蛋黄碎 169克
可可粉 少量
急冻面包丝 少许（做尾巴）

馅料

鸡肉粒 450克
冬菇粒 75克
蘑菇粒 75克
松子仁（烘香／炒香）75克

调味料

盐 4克
味精 4克
蚝油 少量
砂糖 15克
生粉 8克

烹制时间：10分钟　分量：30只

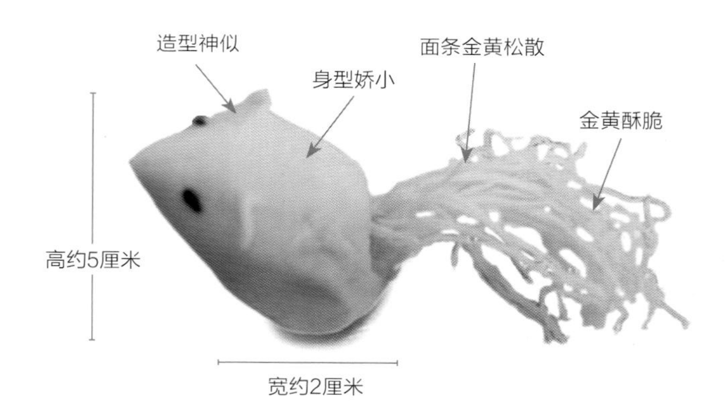

做法

1 热镬下油，加入鸡肉粒、冬菇粒和蘑菇粒炒熟，加入调味料炒匀，熄火，加入松子仁拌匀。
2 马铃薯去皮，蒸熟，趁热搅烂或压蓉。
3 将滚水冲入澄面粉内烫熟，加入薯蓉、熟咸蛋黄碎和可可粉揉成软滑粉团，分成30等份，每份重约19克，包上约15克馅料，捏成松鼠造型，在尾部用竹签插上小孔。
4 将急冻面包丝绑成小捆，每条尾巴重约4克，然后插入尾部做松鼠尾，放入油温为100～120℃的滚油中炸至金黄。

顶级点心师提示

❶ 馅料要切得细，炒得干身，又带有黏度，才容易被薯蓉酥皮紧紧包裹住。
❷ 安插松鼠尾时，必须小心些、插得深一点，否则油炸时容易脱落。

杏仁燕麦布丁

材料

南杏仁 300克
清水 1050克
砂糖 225克
鱼胶粉 19克
燕麦片 38克
鲜忌廉 38克
牛奶 38克

烹制时间：10分钟　分量：6碗

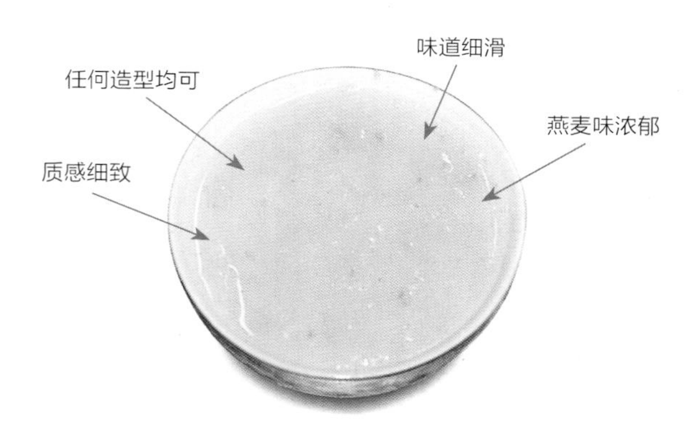

做法

1 南杏汁：把南杏仁放清水里浸泡6小时，洗净，沥干，加入清水并倒入搅拌机内磨成约900克杏仁汁，隔去微粒至细滑。
2 布丁：杏汁倒入锅中用慢火煮至微滚，加入燕麦片稍煮，再加入砂糖和鱼胶粉煮溶，熄火，加入鲜忌廉和牛奶拌匀。
3 上盅后放入冰箱冷冻。

顶级点心师提示

❶ 煮杏汁时，最好不要达到沸点100℃，否则容易出现颗粒状，不够细滑。

❷ 杏汁应该用干净白布过滤，既卫生又能隔去杏仁渣。

芋蓉小白猪

材料

面团

低筋面粉 600克
砂糖 131克
酵母 11克
白菜油 19克
牛奶 300克
红萝卜汁 113克
芋蓉油 少量

馅料

荔甫芋 600克
砂糖 225克
椰浆 225克
牛油 225克
奶粉 75克

装饰

食用橙红色素水 少量（做耳朵和鼻）
黑芝麻 少许（做眼睛）

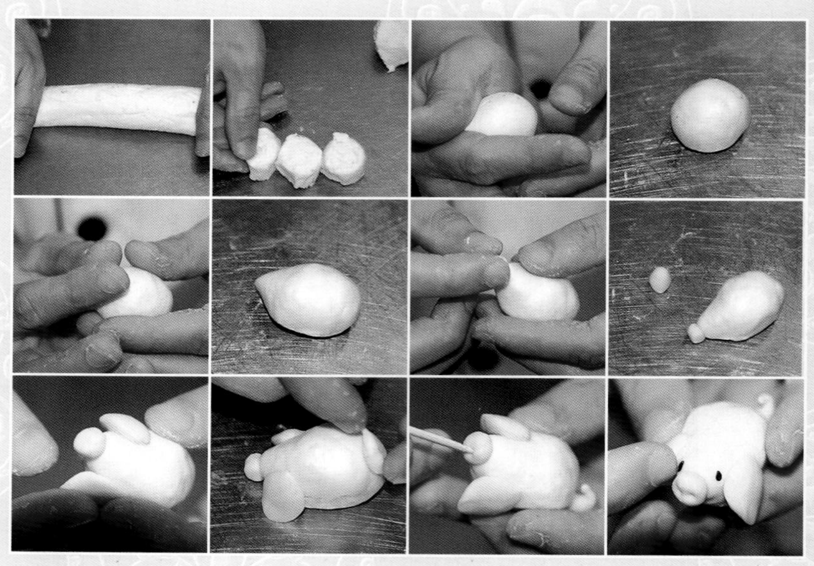

烹制时间：6分钟　分量：20只

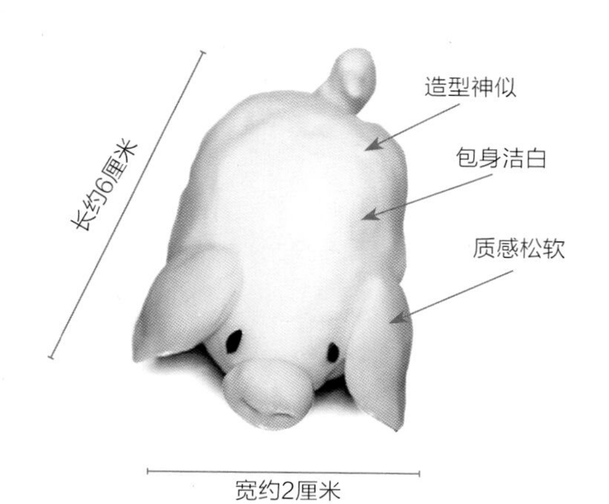

做法

1 馅料：荔甫芋去皮，切小块，蒸熟后搅烂，加入砂糖、椰浆、奶粉和牛油搅打至细滑，放冰箱中冻至硬实，以便包裹。
2 面团：所有材料同置于搅拌机中，以慢速搅打成细滑面团。面团搓好置一旁稍发酵5分钟。
3 面团切小粒，每小粒重约19克，碾薄，包上芋蓉约15克，捏成小白猪造型。
4 用少许面团混入食用橙红色素水，捏成猪鼻和猪耳朵。贴上黑芝麻做眼睛，再用竹签刺出猪鼻孔。
5 放入蒸笼以大火蒸6分钟，即成。

顶级点心师提示

❶ 面团放在温度为25~30℃的地方发酵10分钟后再蒸，效果更理想。

❷ 挑选芋头宜选取重量轻、芋身微紫的芋头，这表示淀粉含量多。如果没有理想的芋头，退而求其次，选些半边重半边生水的芋头，再从两个芋头上各取一半。

蜜饯金莲藕

材料

糖胶 375克（外皮用）

薯仔皮

低筋面粉 450克

去皮马铃薯（蒸熟，搅成薯蓉） 225克

砂糖 113克

奶粉 38克

吉士粉 75克

牛油 75克

滚水 263克

馅料

奶黄 188克（请参阅第89页）

熟咸蛋黄 188克

装饰

干面条 适量

食用苹果绿色素水 少许

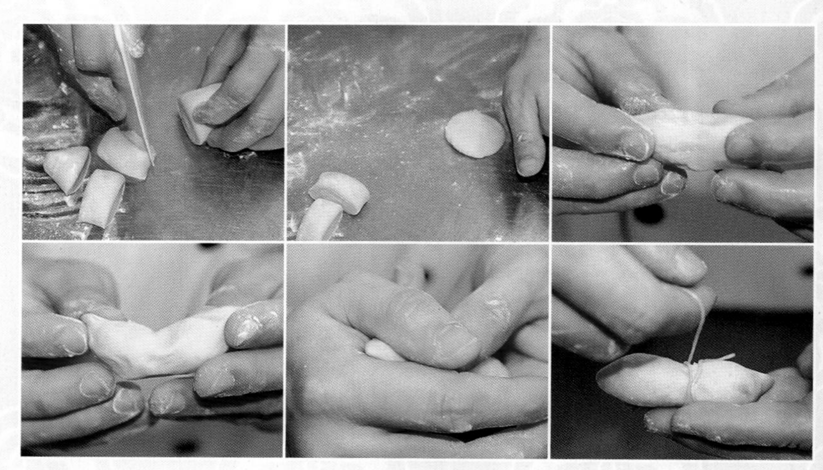

烹制时间：10分钟　分量：30个

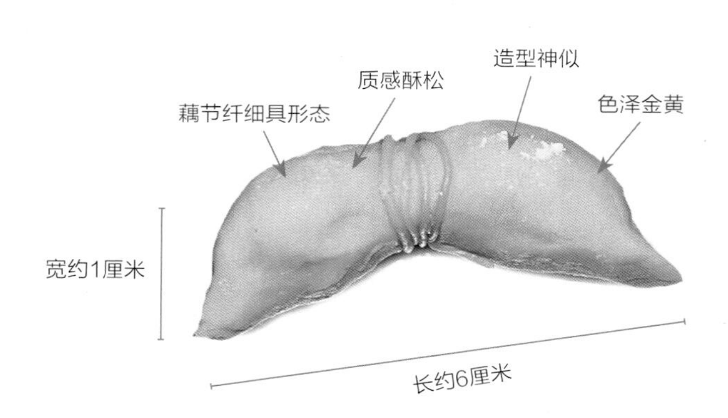

做法

1 馅料：所有材料搓匀便可。

2 粉团：将滚水冲入低筋面粉，烫熟，加入薯蓉、砂糖和奶粉搓匀，再加入吉士粉搅至细滑，最后下牛油搓滑。

3 粉团分成30小粒，每粒重约19克，压扁，包上馅料，做成3节小莲藕形，再在莲藕节之间，用已浸少许食用苹果绿色素水的干面条扎节，在节位绑好。

4 放入100℃油温的滚油中炸至金黄，然后在外皮撒上糖胶即可。

顶级点心师提示

若不用奶黄馅，可用巧克力馅取代。

金龟如意酥

材料

低筋面粉 450克
砂糖 113克
牛油 225克
鸡蛋黄 120克
吉士粉 11克

馅料

莲蓉 600克

装饰

牛油酥 少许（做头、尾和爪）
（请参阅第32页）
黑芝麻 少许（做眼睛）
蛋液 适量（扫面）

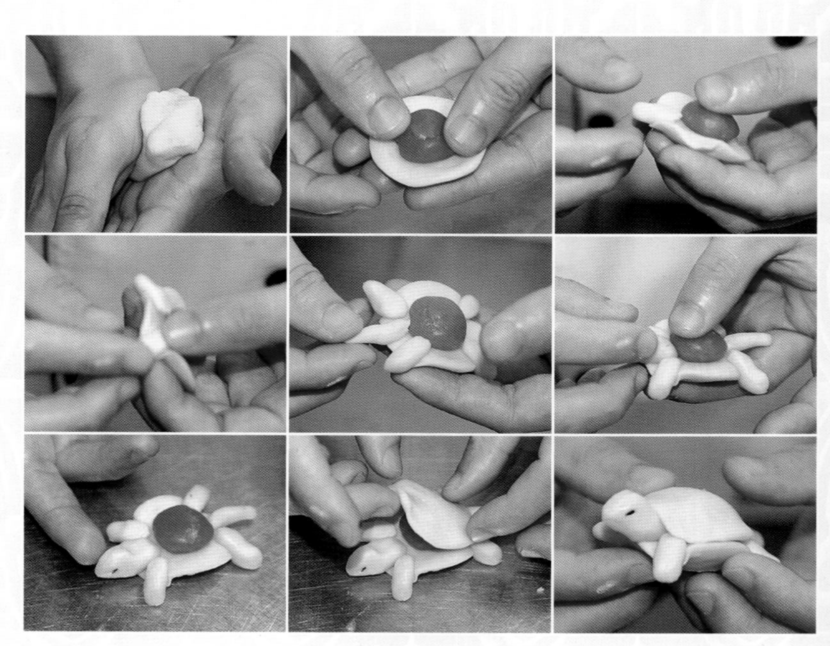

烹制时间：10～15分钟　分量：20只

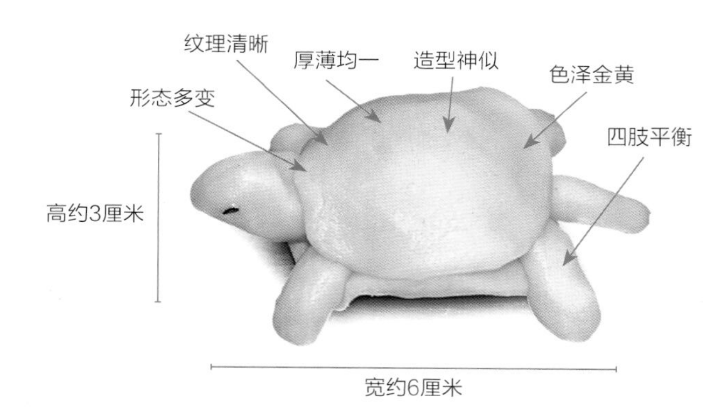

做法

1 酥皮：低筋面粉、砂糖、鸡蛋黄、吉士粉和牛油先搓揉成软滑粉团，备用。
2 莲蓉分成小团，每份重约11克。
3 酥皮粉团分成若干份，每份重约19克，每份再分成两等份，一份做底，另一份做面，中间放莲蓉。用牛油酥搓成龟的头部、尾部及爪，贴上黑芝麻做眼睛，另外用蛋液扫面。
4 放入焗盘，再放入已预热100℃的焗炉用200℃焗10～15分钟（要视色泽而定）。

顶级点心师提示

1. 将此酥做得形象生动些才会讨喜。
2. 在扫蛋液前，于龟背面压上花纹。

香芋金甲酥

材料

芋蓉皮

去皮芋头 150克
芸豆 75克（浸泡6小时）
熟澄面 150克
白菜油（起酥油）75克
臭粉 0.4克
盐 2克
砂糖 19克
味精 2克
五香粉 少许

馅料

鸡腿肉粒 300克
冬菇粒 150克
叉烧粒 75克
湿碎虾米 38克

调味料

盐 4克
鸡精 4克
砂糖 19克
生抽 少许
生粉 少许（炒香，煮芡汁用）

装饰

黑芝麻 38克
杏仁片 38克

烹制时间：4分钟　分量：30只

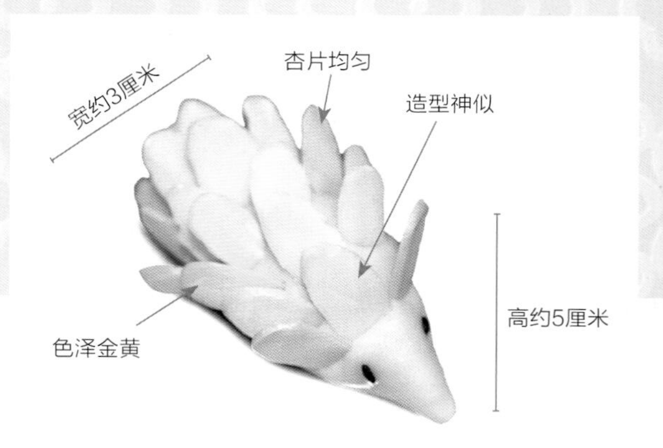

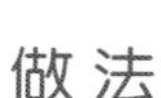

做法

1 芋蓉皮：芋头切小块后与芸豆一起蒸熟，搅烂，加入熟澄面搓匀，再加入白菜油搓揉均匀，最后加入味精、臭粉等其余材料搓匀，放入冰箱中冻至稍硬。
2 馅料：热镬下油，放入馅料炒香，下调味料炒好，盛起摊凉。
3 芋蓉皮分成30等份，每份重约15克，包上馅料约15克，捏成穿山甲造型，插上杏仁片，贴上黑芝麻做眼睛。
4 用油温达100℃的滚油炸至呈淡金黄色。

顶级点心师提示

❶ 油温要适宜，温度过高会容易焦；油温不够会把金甲酥弄散，达不到预期效果。

❷ 芋蓉皮所用的油分不多，插上杏仁片，金甲酥经油炸后外皮只会略耸起，不会像芋角出现细小的蜂巢状况。

❸ 75克滚水混合75克澄面粉可混合成150克熟澄面。

香芹白海螺

材料

面团

低筋面粉 600克
砂糖 131克
酵母 11克
泡打粉 4克
白菜油 19克
牛奶 300克
可可粉 38克

馅料

海螺肉粒 450克
姜米 19克
白蘑菇粒 150克
中国芹菜碎 75克

调味料

盐 4克
味精 11克
砂糖 19克
蚝油 19克
生粉 8克

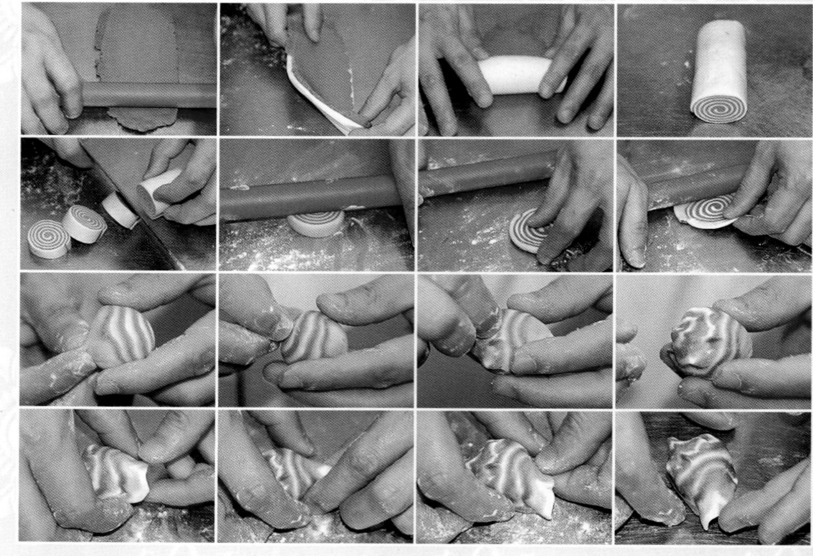

烹制时间：5分钟　分量：20个

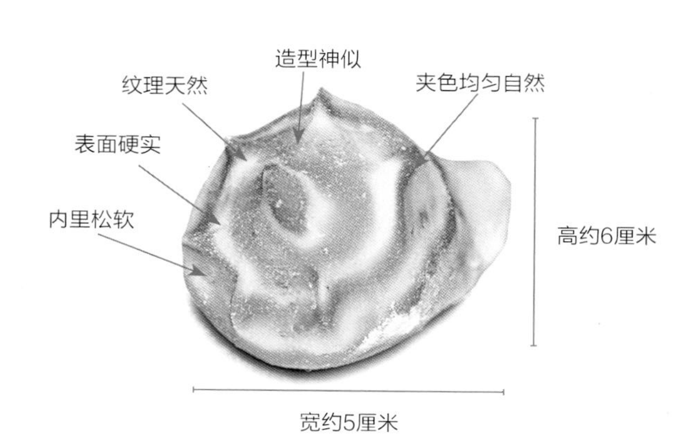

做法

1 馅料：热镬下油炒姜米、海螺肉粒和白蘑菇粒至干身，盛起后加入中国芹菜碎拌匀。

2 面团：把所有材料（除可可粉外）搓揉成细滑粉团，分成两等份，一份为白色，另一份加入可可粉，做成巧克力色粉团。

3 组合：双色粉团分别碾薄，然后叠在一起，卷成长条形，置一旁行身15分钟后切小块开薄，每份双色粉团重约15克，包上约15克馅料，做成海螺形，再行身15分钟后放入蒸笼，以大火蒸5分钟。

顶级点心师提示

双色面团重叠前先喷少量水才容易粘贴在一起。

附录：专业点心师札记

1. 点心厨房编制

点心行业设有完善的升迁制度，注重分工，各司其职，团队合作精神尤为重要。鉴于点心师一般从基层而上，鲜有空降，职权区分清晰，建议职位架构如下：

正小案

负责点心部一切出品监控，对内、对外有关行政工作，调动分配各岗位，工作卫生监控、教导。

↑

副小案

协助正小案做好日常内部行政工作，正小案休假时顶替其做好岗位工作。

↑

调味师

负责点心馅类、肉类调味工作，执行各类点心上碟、上笼大约重量监控，预算每天生产所需数量。

↑

夜市

负责夜市所有出品、甜品，执行晚市、酒席甜点工作。

煎炸

负责煎炸档所有出品，各种熟馅类、各款糕点类，预算每天生产量。

熟笼

负责熟笼档所有出品，以及蒸各款糕点、包点。

肠粉

负责肠粉档所有出品。

↑

士啤（后备）

夜市、煎炸、熟笼、肠粉各岗位人员休假时顶替其工作。

↑

不贴式

负责执行日常各种点心上碟，搬运各类点心，顶替休假岗位。

↑

打杂

负责协助不贴式日常工作，配货上料，清洁各种机器设备和厨房的环境。

备注：以上只是架构的大概情况，随时因应人手配调做出修改。当点心部员工增多时，会增设副岗位协助，例如帮忙煎炸、熟笼、拉肠粉等，或是同岗位多增人数，因规模大小而定。

2. 点心材料浅谈

（1）家禽类

一般泛指鸡、鹅、鸭、白鸽等家禽，主要使用鲜活货的肉来做点心，因为它们有广阔的活动空间，且采用天然饲料饲养，肌肉结实，不含大量脂肪，肥瘦适中，味道鲜美，时令有序。如没有活家禽，可用冰鲜或冷冻货替代。冰鲜和活家禽的品质，相差不大，只要使用合适的调味与烹调方法，便可以改善味道。至于冷冻家禽，冰封时间颇长，若懂得采用合适的解冻方法，也可有类似效果。

解冻过程：冷冻家禽从－20℃的冷冻库取出后，放在温度为10℃的冷库内让其自然解冻。好处是可以保持肉质原有鲜味和形态，不会变色变味，防止在解冻过程时出现变坏的状况，既安全又卫生。所有冷冻食物均应坚持这样处理，以保障饮食安全。

调味：急冻禽肉可利用调味料提升食味，如可用鸡精、味精或利用香料和香草改变味形，增加口感层次。

注：活货、冰鲜和冷冻货的品质差异在于贮藏日子的长短。所谓冷冻家禽，即贮放在温度为－20℃的环境中的肉类，肉质冰硬，一般消费者会有抗拒心理，但只要解冻过程处理得宜，味道也不错。而冰鲜家禽贮藏于温度为0～10℃的环境中，未完全冻硬，肉味与活家禽差不多。

（2）畜肉类

一般泛指猪、牛、羊等畜肉。以前的牲畜采用天然饲料饲养，它们可以在牧场内进行适当运动，有足够的时间生长，饲养人员不会刻意控制肉质和脂肪，这样饲养牲畜的肉质会比较有嚼劲，食客吃得安心又开心。今日的畜肉会按照消费者对肉质的要求，利用科学方法饲养并调节饲料，限制牲畜的活动空间，使它们的肉质变软，甚至为了特别要求，采用特种饲料喂养或改变其基因，控制肉色和脂肪分布，天然味道也因为太过人工化而变质。

（3）海产类

一般泛指鱼、甲壳、贝类。昔日海产多是天然野生，味道鲜美，肉质爽脆，产量很多。随着人口不断膨胀，海水和河水污染，渔获量日渐下降，海产越来越少，有些还是鱼苗或虾苗，就已被推到市场上贩卖，长此下去，可能有绝种的危机。活海鲜供应有限，价格高昂，可改用优质急冻海鲜替代。其味道略淡，肉质略松软，但只要烹调方法得当，效果仍然理想。

（4）粉材料类

在点心业里，面粉、澄面粉和生粉属于常用材料，品质差异很大，这与产地和品种有密切关系。优质小麦能产出高品质面粉和澄面粉。优质面粉含丰富的蛋白质，杂质少，质感纤细，制造出来的面团柔软，含有浓郁的麦香。澄面粉是制造面粉过程中的副产品，无味，韧度不高，但是冲入滚水后大力搅匀，再与生粉混合使用，质感会变得软滑并带有弹性，呈半透明状，用途甚广。生粉是木薯、马铃薯、绿豆等植物，经研磨后的粉料，具有高韧度的特质，可以勾芡、做水晶皮或与澄面粉配合使用。

由于不同品牌的粉材料的吸水力、质感和特性参差不同，笔者建议尝试新品牌的粉材料时，应该抽取少量粉料测试，作为调节食谱分量的指标，以免把粉团弄得一团糟或是浪费粉料。

3. 判断点心的好坏

（1）判断力对点心制作的重要性

一位专业点心师，除了拥有好手艺，还要拥有好的判断力，没有这种能耐，怎能称得上是专业呢？这好像有点不近人情，有点挑剔，但是每天在厨房内忙碌，任何状况都有可能出现，让你措手不及，没有足够的经验和准确的判断力，哪能随机应变，迅速解决问题。点心制作包括收货、材料处理、烹调、上菜等重要工序，万一失手，会令公司损失严重。

首先，收货直接与点心制作有关，它是点心制作的首关。专业点心师应该知道如何判断物料品质的优劣，不能胡乱收下，否则会影响后续的制作流程，并影响制品的品质，损坏公司声誉。

其次，认真处理各种食材，处理包括浸发、腌、面团制作、包折等工序，不能马虎行事，每个工序环环相扣，稍有不慎，便会直接令点心制作失败，特别是点心师要判断物料浸发是否达到要求，如未能称心，则需要下达指令，利用辅助工作来改善物料的状况。

再次，应用五感和凭借个人经验判断味道、面团质感、制品的整体呈现等，确保流程顺利。到了烹调工序，必须熟悉任何烹调方法。例如蒸包时，要看锅内的蒸气是否足够，如发现蒸气不足，必须立即更换蒸锅。

最后，上菜时则需要精确计算时间，从厨房到上桌的时间拿捏得宜，或是制品的整体呈现合乎标准，才可批准出菜。

点心师的判断力直接影响到制品的品质、工作流程的流畅度、整个团队合作精神的凝聚，千万不要小看判断力所带来的影响。

（2）运用五感去判断粤式点心

判断力涉及个人的感官，这五种感官泛指人体器官中的眼、耳、口、鼻、手，即视觉、听觉、味觉、嗅觉和触觉。色、香、味、美、质等指标是食品行业经常使用的评审食物的准则。不可否认，感观涉及直觉判断，未免带有个人主观因素，未必十分准确，但是通过经验累积和对制品的不断试炼，专业点心师应自有一套关于食物评审的标准。

视觉，以眼为评审工具，判断点心色泽和美感是否达到消费者的要求，例如像生点心的造型是栩栩如生，还是画虎不成反类犬的劣相。此外，颜色是否调配得当，食物色泽是否得宜，都可利用眼睛观察，再做评论。

听觉，以耳听取食物声音来做评审，判断食物熟度，属于辅助功能。某些带水分的物料如鸡脚，当油温达到180℃，把鸡脚放进油锅后会发出声音，待鸡脚的水分被蒸发变熟，油声则变得清脆，捞起炸物时因鸡脚变硬，互相碰撞，会发出清脆的声音。

味觉，以舌头的味蕾来测试食物味道。小小舌头分为五区：舌尖测试甜度、两侧测试咸度、舌后部测试苦度、中央部分测试酸度。所以懂得舌头分区的作用，可以有效地试出食物的味道。

嗅觉，以鼻代替眼判断味道和香气。但凡食物皆有自身气味，可以利用嗅觉做初步判断。例如食物变坏，会有一种恶臭味道，告诉人们它已变坏，然后再用味觉复核和确定。简而言之，嗅觉根据食物散发的味道来断定香、臭、酸、甜等，继而搭配常识或其他官感，来得出最终的判断结果。

触觉，以手直接触摸食物，可感受到它的质感、重量、粗细度等。例如生面包团会比较重，经烘焗后会变轻。不新鲜的点心制品，会因失去水分而变得干硬，触感粗硬且有点刺手。

4. 常用基本点心类面团

（1）生面团

泛指面粉材料用冷水搓揉成团，质感比较硬实，筋性强而带韧性和弹力。

（2）半生熟面团

泛指先用滚水冲入部分粉材料将其弄熟，再加入其他粉材料搓匀，质感柔软适中，筋性一般，具韧性，有弹力。

（3）熟面团

泛指用滚水冲熟粉材料，搓揉成团，质感糯软，欠缺弹力和韧性，不含筋性。

（4）有种包种

含有发酵能力，带有酸性，可中和面粉的碱性，当加入粉团搓匀，能令包点胀大松软，不用经过长时间发酵，只要稍稍放一会儿，便可蒸制。

（5）无种包

会加入苏打粉或发粉来增强发酵能力，加入粉团搓匀后需要长时间发酵，方可蒸制。制品的质感会比较硬和黏口。

5. 点心与汁酱配搭

点心	汁酱／配料
香煎虾米肠	生抽或芝麻酱
牛肉／叉烧／带子／鲜虾肠粉	熟油浇表面，从两旁加入酱油
焯油菜／杂锦	酱油或蚝油
滑鸡粥／瘦肉粥／艇仔粥	胡椒粉、薄脆、葱粒
牛肉球	喼汁
普宁墨鱼丸／鲮鱼球／豉汁蒸鱼	胡椒粉
炸云吞	甜酸酱
沙律虾角	沙律酱
豆腐花	黄糖
盅头饭	酱油
灌汤饺	姜丝、镇江醋
小笼包	姜丝、镇江醋
煎萝卜糕／芋头糕	辣酱、豉汁
煎鱼饼／煎酿三宝	酱油、豉汁

美食笔记

美食笔记